Foto: Jasper Doest/Minden Pictures

Reingehört:
Alle 14 Tage erscheint eine neue Folge des Podcasts »Peter und der Wald«

Entdecken Sie die Natur! Mit Peter Wohlleben und dem Redakteur Rainer Harf

Liebe Leserinnen, liebe Leser!

Wie wäre es mit einem kleinen Abenteuer? Einem Erlebnis, das Überraschungen bereithält, das vielleicht auch ein wenig gruseln lässt und das man garantiert nicht vergisst? Neugierig geworden? Dann übernachten Sie doch einfach mal im Wald.

Gerade jetzt, in den Sommermonaten, wo die dunklen Stunden mitunter angenehm lau sind, braucht man gar nicht viel Equipment. Je einfacher und naturnäher, desto intensiver die Erfahrung. Klar: Manchen mag bei der Vorstellung, so ungeschützt in der Wildnis zu nächtigen, ein Schauer über den Rücken laufen. Doch eines steht fest: Im Wald ist es fast so sicher wie zu Hause. Was Sie dort draußen erwartet und warum es sich lohnt, etwaige Ängste zu überwinden, lesen Sie ab Seite 64.

Vorherige Ausgaben von WOHLLEBENS WELT sind im GEO-Shop erhältlich

Ein anderes Thema in diesem Heft hat ebenfalls mit gewissen (in der Regel unnötigen) Ängsten zu tun: Spinnen. Viele von uns ekeln sich vor den Achtbeinern, ja, selbst bekennende Naturliebhaberinnen und Gartenfreunde schrecken nicht selten vor ihnen zurück. Dabei lohnt es sich unbedingt, die geschickten Netzbauer näher kennenzulernen. Die Tiere haben Supersinne und sind für unsere Ökosysteme von zentraler Bedeutung. Sie werden merken: Sobald man sich mit Spinnen beschäftigt, kann man gar nicht anders, als sie schätzen zu lernen (mehr auf Seite 18).

Wir schließen eben oft vom Äußeren aufs Innere und liegen damit nicht immer richtig. Wer zum Beispiel denkt, Robben seien doch so niedlich, dass sie keinem Tier gefährlich werden könnten, der irrt. Aber lesen Sie selbst – ab Seite 42.

Herzlich Ihre

Blütentraum

Gräser Derart selbstverständlich sprießen sie aus dem Boden, dass wir sie beinahe schon übersehen. Dabei sind die grünen Halme die wahren Stars im Pflanzenreich – Seite 54

Kuckuck Der Vogel ist so hübsch wie gewieft: Er lässt seine Jungen einfach von anderen Eltern großziehen. Bei der Täuschung zieht er überraschende Register – Seite 74

In den urigen Wäldern Rumäniens lässt sich bestaunen, was echte Wildnis ausmacht – und sehen, was sie bedroht *Seite 8*

Naturerlebnis hoch zu Ross: Beim Pferdetrekking in Norwegen *Seite 30*

Wunder auf acht Beinen: Das spektakuläre Leben der Spinnen *Seite 18*

Es gibt allein
5862
bekannte Arten von Springspinnen

Pfoten, Tatzen, Fänge: Auf welch außergewöhnlichen Füßen Tiere leben *Seite 92*

Von wegen unschuldig: Was Robben zu perfekten Jägern macht *Seite 42*

Der Reiz der Dunkelheit: Wie eine Nacht im Wald unvergesslich wird *Seite 64*

Gewiefter Luftakrobat Mit welchen Tricks sich der Kuckuck die mühsame Kinderbetreuung spart und seinen Nachwuchs einfach von anderen Eltern großziehen lässt – Seite 74

Mythenumrankter Wels Fürchten Badende den Waller zu Recht? Zieht er seine Opfer in die Tiefe? Was ist dran an den vielen Geschichten, die sich um den mächtigen Fisch ranken? Seite 52

Inhalt

Sommer 2022

Wieso lässt die Ringelnatter immer wieder ihre Zunge aus dem Maul schnellen? *Seite 28*

Mensch und Tier teilen ähnliche Bedürfnisse – und können enge Gefährten werden *Seite 102*

Schlichte Halme? Weit gefehlt, denn Gräser sind Power-Gewächse *Seite 54*

In Europas letzten **Urwäldern**

In Rumäniens Karpaten gibt es noch echten Urwald, durch den Bären, Luchse und Wölfe streifen – jedoch kaum Menschen. Ein Exkursion in diese wunderbare Waldwildnis

Text: Peter Wohlleben Fotos: Tobias Wohlleben

Wildnis, so weit das Auge reicht: Die ostrumänischen Karpaten sind von mehreren Hunderttausend Hektar urtümlichen Buchenwäldern überzogen

Einst war der größte Teil Europas von solcher Vegetation bedeckt, heute findet sich diese ursprüngliche Natur nur noch an wenigen Stellen

Ein Traum, einmal im Leben echte Buchenurwälder zu sehen, geht in Erfüllung. Die Reise nach Rumänien ist zugleich eine in die Vergangenheit: Solcher Wald prägte in früheren Zeiten ganz Europa

Wir sollten auch unseren Kulturwäldern wieder ein bisschen mehr Wildnis zugestehen

Unter Giganten: Gewaltige, meist viele Hundert Jahre alte Bäume strecken sich dem Licht entgegen. Selbst Buchen gedeihen hier 400 oder 500 Jahre

Waldbeschützer: Tobias Wohlleben (Waldkakademie), Christoph Promberger (Waldstiftung Carpathia), Clara Buer (Greenpeace), Johanna Brunske (Waldakademie) und Gesche Jürgens (Greenpeace) erkunden gemeinsam die rumänischen Urwälder Promberger plant, ein Gebiet dreimal so groß wie Berlin, unter Schutz zu stellen

Körpereinsatz: Gesche Jürgens klettert unter einem Weidezaun hindurch, der Wisente einpfercht. Die Urrinder galten als ausgestorben

Tod, der Leben schafft: Auf umgestürzten Stämmen wachsen rasch junge Bäumchen heran

Rund

1/3

aller Tiere und Pflanzen braucht totes Holz als Nahrung oder Lebensraum

Großspurig: der Abdruck einer Bärentatze. Nirgends in Europa schleichen, tapsen, trampeln so viele der haarigen Raubtiere herum

Naturnähe

Eingefasst von Felsen und Wäldern liegt der glitzernde See Pecineagu.
Johanna Bruske und Peter Wohlleben erkunden ihn per pedes und per Boot

In Zeiten der Hiobsbotschaften tut es gut, die schönen Seiten unserer Umwelt zu sehen

Barbara und Christoph Promberger wollen weite Teile der Urwälder in den größten Wald-Nationalpark Europas überführen

Holzmasse:

1600

Kubikmeter finden sich auf jedem Hektar Urwald

Vom Kahn aus sieht man die Faragasch-Berge, die höchsten Rumäniens

E

Einmal echte europäische Buchenurwälder zu sehen, das war schon immer ein Traum von mir. War einst der größte Teil Europas von solcher Vegetation bedeckt, so findet sich diese ursprüngliche Natur nur noch an wenigen Stellen, wie etwa in den rumänischen Karpaten. Nach drei Anläufen klappte es endlich, und so fand ich mich nach der Anreise in Bukarest in einem weißen Dacia Duster wieder.

Zusammen mit Tobias und Johanna, die für die Waldakademie mitreisten, ging es in die Berge nach Sinca Noua. Dort betreiben Barbara und Christoph Promberger einen Pferdehof. Unser Interesse galt aber dem anderen, viel größeren Projekt des Ehepaars: einen Nationalpark zu schaffen und so die Urwälder im Fagaras-Gebirge unter Naturschutz zu stellen.

Gleich bei unserem ersten Gang durch ein erstes Urwaldstück von mehreren Quadratkilometern Größe beeindruckten mich vor allem die kleinen Tiere: Zecken. Während ein Gang durchs Unterholz deutscher Wälder schon nach wenigen Minuten dazu führt, dass die ersten Blutsauger auf den Hosenbeinen herumkrabbeln, entdeckte ich in den fünf Tagen unserer Expedition durch die Wildnis insgesamt nur zwei Stück, die sich noch nicht einmal festgebissen hatten.

Die geringe Zahl an Zecken lässt nur einen Schluss zu: Die Dichte an Rehen und Hirschen ist in den riesigen Wäldern sehr viel geringer als bei uns zu Hause. Christoph Promberger konnte das bestätigen, und die Ursache liegt klar auf der Hand. Es sind die drei großen Raubtierarten Wolf, Bär und Luchs, die die großen Pflanzenfresser in einem gesunden Gleichgewicht halten.

Neben dem Ankauf von 267 Quadratkilometern Wald (mehr als der Nationalpark Bayerischer Wald) konnte sich das Ehepaar auch die Jagdrechte auf 780 Quadratkilometern sichern. Doch gejagt wird hier nicht, ganz im Gegenteil: Sämtliche Tiere leben geschützt. Das führt zu Verhaltensänderungen, denn nun können sie auch tagsüber an den Waldrändern nach saftigen Gräsern und Kräutern suchen, ohne das „Raubtier" Mensch fürchten zu müssen.

Vergleich der Ökosysteme

Das sieht in Deutschland ganz anders aus. Zwar streifen auch bei uns mehr und mehr Wölfe durch die Wälder, doch ihre Zahl ist noch immer viel zu gering, um die Wilddichte etwas abzusenken. Hinzu kommen die riesigen Kahlschläge, verursacht durch die Forstwirtschaft, die ihre sterbenden Fichten- und Kiefernplantagen abräumt.

Auf diesen Flächen explodiert die krautige Vegetation und mit ihr die Zahl der Rehe und Hirsche. Die Lösung scheint in der immer »→

Der Bootsanleger ist einer von wenigen menschlichen Eingriffen

Hütten bieten Touristen Rast- und Beobachtungsplätze – und den Einheimischen Möglichkeiten, auch in Zukunft vom Wald zu leben

schärferen Bejagung zu liegen, die Abschusszahlen steigen seit Jahrzehnten an. Trotzdem konnte auf dem größten Teil der neu aufgeforsteten Flächen ein starker Verbiss (der Fraß an Trieben der Jungbäume) kaum verhindert werden.

Dabei zeigt die Natur in den Urwäldern, wie es gehen könnte. Diese Wälder sind dunkel und sehr reich an Biomasse. Der Wald, den wir besuchten, enthält 1600 Kubikmeter an lebender und toter Holzmasse, mithin mehr als das Vierfache deutscher Wirtschaftswälder. Neben den Raubtieren ist es der tiefe Schatten, der kaum Bodenvegetation zulässt.

Nur hier und da ist einer der alten Baumriesen umgestürzt, sein Tod verursacht eine Lücke im Kronendach. Sonnenstrahlen dringen bis auf den Boden, der sich rasch mit Kräutern und Jungbäumen füllt. Hier gibt es etwas Nahrung für die wenigen Pflanzenfresser, die ansonsten den dichten Wald eher meiden. Abgefressene Triebe an Jungbäumen haben wir kaum gefunden.

Die Bäume sorgen also selber dafür, dass ihr Nachwuchs ungefährdet die Jahrzehnte bis Jahrhunderte währende Phase des Wartens übersteht. So lange kann es dauern, bis endlich ein Platz durch den Tod des Mutterbaums frei wird. Buchen zeigen hier entgegen der forstlich oft vertretenen Meinung, dass sie durchaus älter als 400 Jahre werden können. Es gibt gar Exemplare, die schon 550 Jahre auf dem Buckel haben und damit offenbaren, dass die Unterschiede bezüglich der Lebensdauer zwischen Eichen und Buchen gar nicht existieren.

Gutes Vorbild

Was können wir für unsere heimischen Wälder von den Urwäldern der Karpaten lernen? Viel, wie ich finde, denn die Vegetation und die natürlichen Voraussetzungen ähneln sich sehr. Weniger Holznutzungen, weniger Jagd, mehr Raubtiere – das ginge auch bei uns, zum Beispiel indem man darauf verzichtet, staatlich zu fördern, dass Holz zur Energiegewinnung verfeuert wird. Auch bei Konflikten mit Bären und Wölfen kann man vom Konfliktmanagement der Prombergers lernen. Sie stehen in ständigem Kontakt mit den Viehhaltern ihrer Region und ersetzen ihnen unbürokratisch Verluste. Dazu halten sie selber Vieh und können aus den Herden Tiere abgeben.

Neben der Ökologie ist es der wirtschaftliche Aspekt, der mir bei dem Projekt „Carpathia" besonders gut gefällt. Die Tatsache, dass »→

In den Hütten kredenzen die Wirte den Wanderern deftiges Essen – im Herbst gern mit Speck gebratene Pilze

Bären-Reich: Mehr als 5000 Braunbären leben in den Wäldern Rumäniens – meist in friedlicher Koexistenz mit den Menschen

Konflikte zwischen Menschen und Raubtieren werden vorbildlich gelöst. Naturschützer und Viehhalter stehen ständig in Kontakt

NATIONALPARK

Geschützte Wildnis

In den Karpaten soll der größte Wald-Nationalpark Europas entstehen: unverzichtbarer Lebensraum für viele Arten

In den Buchenurwälder der südlichen Karpaten hat vielerorts kein Mensch je gerodet, Brennholz gesammelt oder gejagt. Doch die Waldwildnis ist in Gefahr. Greenpeace hat ermittelt: Jährlich verliert das Land durch Rodung bis zu 300 Quadratkilometer Wald, etwa die Stadtfläche Münchens. Barbara und Christoph Promberger wollen diese Entwicklung stoppen. Das Paar, das 1993 nach Rumänien zog, hat dort die Stiftung „Fundatia Conservation Carpathia" gegründet. Mit Unterstützern wollen sie 1000 Quadratkilometer Buchenurwald kaufen. Sie hoffen, dass der rumänische Staat weitere 1600 Quadratkilometer unter Schutz stellt. Der so entstehende Faragasch-Nationalpark wäre rund 2600 Quadratkilometer groß: zehnmal so groß wie der Nationalpark Bayerischer Wald.

Um die Urwälder dauerhaft zu schützen, planen die Prombergers einen riesigen Nationalpark

Austausch vorm Abschied: Wie können Menschen den Wald zugleich schützen und nutzen?

kein Holz mehr genutzt und kein Tier mehr geschossen wird, bedeutet ja nicht, dass es nichts mehr zu verdienen gibt, ganz im Gegenteil.

Erholung pur

Während unseres Aufenthalts besuchten wir zwei einsame Berghütten, die einen wunderbaren Blick auf die höchsten Gipfel erlaubten. Kein Handyempfang, keine Straßen, keine Häuser und nur Geräusche aus der Natur, dazu abendliche Beobachtungen von Bären, Wildschweinen und Hirschen – es war die pure Erholung. Ganz wichtig: Auch das leibliche Wohl kam mit schmackhaften, lokalen Mahlzeiten nicht zu kurz, sodass es für uns drei Eifelbewohner ein traumhaftes Erlebnis war.

Auch in Deutschland sind die touristischen Einnahmemöglichkeiten aus den Wäldern viel wertvoller als die bloße Holzerzeugung, wie etwa der Nationalpark Bayerischer Wald gut demonstriert. Riesige Kahlschläge vertrocknender Monokulturen sind eben nicht so attraktiv wie wilde Natur und die Möglichkeit, einmal sehr scheue Waldbewohner aus nächster Nähe erleben zu dürfen.

Bislang
250
Quadratkilometer Urwald hat die Stiftung schon erworben

Die wichtigste Motivation für mehr Waldnatur sollte aber unser Verantwortungsbewusstsein sein. Urwälder sind der Hort der Artenvielfalt; sie kühlen zudem die Landschaft und sorgen für sprudelnde Quellen. Nicht zu vergessen ist unsere emotionale Gesundheit. In Zeiten ständig neuer Hiobsbotschaften tut es gut, sich einmal wieder zu erden und zu sehen, dass es immer noch die schönen Seiten unserer Umwelt ist.

Zu spät ist es übrigens nicht, unseren Kulturwäldern mehr Wildheit zuzugestehen. Christoph erzählte uns bei einem kühlen Bier auf der einsamen Hütte Bunea, dass er vor Jahren Tschernobyl besucht hatte. Dort ist nach der Reaktorkatastrophe auf Hunderten von Quadratkilometern wieder Wildnis entstanden, wurde Ackerland wieder zu Wäldern und Sümpfen.

Das muss bei uns nicht auf allen Flächen zugelassen werden, aber die 0,6 Prozent Wildnis mit ungestörter Naturentwicklung, die wir in Deutschland haben, sind definitiv zu wenig. Für uns und für die wilden Bäume und Tiere.

Feiner Sinn Die Nasenschleimhaut eines Wolfes ist 60-mal größer als die menschliche – und entsprechend empfindlicher.

In Gefahr Rumänien gehört zu den größten Holzexporteuren Europas, viele Wälder werden nicht nachhaltig bewirtschaftet.

Gute Adresse Die Prombergers führen einen Ökohof, wo man herrlich ausreiten, essen, unterkommen kann: *equus-silvania.com.*

ANZEIGE

Im Wald die letzte Ruhe finden

Erfahren Sie bei einem Spaziergang mit einem FriedWald-Förster oder einer FriedWald-Försterin alles rund um die Bestattung

Kraftspendend, beruhigend, tröstlich: Der Wald hat eine besondere Wirkung. Wer über Lebzeiten hinaus mit ihm verbunden sein möchte, kann hier mit FriedWald seine letzte Ruhestätte finden

Zurück in die Natur. Dorthin zieht es uns instinktiv, wenn wir Kraft tanken möchten. Die frische Luft, das Zwitschern der Vögel, die wärmenden Sonnenstrahlen, die durch das Grün der Bäume dringen: Bei einem Waldspaziergang spüren wir die erholsame Wirkung der Natur. Für viele Menschen ist es ein tröstlicher Gedanke, in dieser zu Lebzeiten wohltuenden Umgebung auch die letzte Ruhe zu finden.

An über 75 Standorten in Deutschland können Sie einen Spaziergang durch einen FriedWald unternehmen und den Wald nicht nur als Kraftquelle, sondern auch als letzte Ruhestätte kennenlernen. Seit 2001 bietet FriedWald als erster Anbieter in Deutschland Bestattungen im Wald an. Die Asche von Verstorbenen ruht in biologisch abbaubaren Urnen unter den Bäumen. Mit einer Namenstafel versehen, wird die Grabstelle zu einem persönlichen Ort des Gedenkens. Für die Grabpflege sorgt allein die Natur: Während im Frühling und Sommer Moose, Farne und Wildblumen die Ruhestätte zieren, sind es im Herbst Pilze und buntes Laub, im Winter Eiskristalle und Schnee.

Wählen Sie Ihre letzte Ruhestätte in der Natur bereits zu Lebzeiten aus. Der erste Schritt für Ihre persönliche Vorsorge ist eine Waldführung. Dabei erfahren Sie von den FriedWald-Försterinnen und -Förstern, welche Grabarten es gibt und was diese kosten, wie Sie Ihren passenden Baum für die letzte Ruhe finden und wie Beisetzungen gestaltet werden können. Auf der Webseite von FriedWald finden Sie die nächsten freien Termine. Melden Sie sich direkt online an oder telefonisch unter 06155 848-100.

Namenstafeln weisen auf die Grabstätten mit biologisch abbaubaren Urnen hin

Mehr Informationen unter: www.friedwald.de

FriedWald®
Die Bestattung in der Natur

Ins Netz gegangen

Von wegen furchteinflößend: Wer sich Spinnen nähert, taucht ein in eine spektakuläre Welt und kann gar nicht anders, als die Achtbeiner schätzen zu lernen

Text: Sebastian Witte

Gartenkreuzspinne
Dank ihrer markanten Zeichnung – ein weißes Kreuz auf dem Hinterkörper – ist die in Mitteleuropa wohl bekannteste Spinne gut zu erkennen

50 Zentimeter

groß kann das Netz der Gartenkreuzspinne sein. Damit Fluginsekten hängen bleiben, überzieht sie die Spiralfäden mit einem klebrigen Leim

Bis zu 8 verschiedene Sorten von Fäden können Spinnen produzieren

Heimische Pracht

Rote Röhrenspinne (1): Erst mit drei bis vier Jahren ist diese Schönheit geschlechtsreif, deshalb ist der Schutz ihrer knappen Lebensräume besonders wichtig

Vierfleckkreuzspinne (2): Der beinahe kugelige Hinterleib ist farblich enorm variabel und kann von fast weiß über gelb, hell- oder dunkelrot bis braun reichen

Bis zu 50 Prozent

der Menschen in Industrienationen verabscheuen Spinnen. Dabei sind viele, auch heimische Arten so farbenreich gezeichnet, dass sie allein deshalb attraktiv erscheinen könnten

Von Wasserakrobaten und Lauerjägern

Gerandete Jagdspinne (1): lebt an Ufern von Gewässern und lauert auf der Wasseroberfläche; kann sogar abtauchen – etwa um Beute zu ergreifen | **Gemeine Streckerspinne** (2): sitzt an der Unterseite von Blättern oder Stängeln in langgestreckter Haltung, bis sie – wie hier – Insekten in ihrem Netz überwältigt | **Flussuferwolfsspinne** (3): buddelt Wohnröhren etwa in den sandigen Boden von Kiesbänken, wo sie bestens getarnt ist | **Wespenspinne** (4): wickelt ihre Beute mit einem breiten Fadenband ein, erst dann erfolgt der Giftbiss | **Dreieck-Krabbenspinne** (5): bewohnt vor allem sonnige Waldränder in Gewässernähe

V

Mit bis zu 90 Zentimeter pro Sekunde hebt eine Sprungspinne ab – sie beschleunigt fünfmal schneller als ein Formel-1-Rennwagen

Vielleicht sind es die schnellen, unvorhersehbaren Bewegungen, vielleicht die dürren, langen Beine, womöglich auch über Jahrhunderte verbreitete Schauermärchen – ganz eindeutig lässt sich der Grund nicht finden, klar ist nur: Selbst bekennende Naturliebhaberinnen und Gartenfreunde schrecken vielfach zurück, wenn sie Spinnen begegnen. Dabei sind Vorbehalte gegenüber den achtbeinigen Akrobaten völlig unbegründet: Keine heimische Art ist gefährlich für den Menschen, Bisse sind – allein schon aufgrund der kompakten Gestalt der meisten Tiere – in der Regel schmerzfrei und ziemlich selten.

Welt der Superlative

Nein, fürchten muss Spinnen aus rationalen Motiven niemand. Im Gegenteil: Wer sich nur ein klein wenig mit Winkel-, Haubennetz-, Zitter- oder Gartenkreuzspinne, mit Kleinem oder Großem Asselfresser beschäftigt, wird die flinken Räuber mit anderen Augen sehen. Denn ihre Welt ist spektakulär, voller Superlative: Wohl keine andere Tiergruppe hat raffiniertere Jagdstrategien, feinere Sinnesorgane und ausgefallenere Überlebenstaktikten hervorgebracht als Spinnen, die weltweit mit rund 50 000 beschriebenen Arten in allen Landteilen der Erde zu Hause sind.

Hinzu kommt: Spinnen erfüllen eine wichtige ökologische Funktion, sind für uns Menschen gar nützlich. Denn hinsichtlich ihrer Beute – überwiegend Insekten – geben sie sich wenig wählerisch. Was immer in ihren Netzen oder Klauen landet (und ihre eigene Größe nicht wesentlich überschreitet), wird mittels injiziertem Verdauungssaft verflüssigt und über eine Art Halm ausgeschlürft. Was bedeutet: Macht sich irgendwo eine übergroße Anzahl etwa an Blattläusen oder Mücken breit, dezimieren die Spinnen vermehrt Blattläuse oder Mücken. Sie haben also insbesondere auf solche Insekten, die zur Massenvermehrung neigen, einen dämpfenden Effekt. Sie üben einen „hohen Räuberdruck“ aus, wie Fachleute sagen. Übrigens auch im eigenen Keller oder Garten.

Wie immens gefräßig – und zahlreich – die Achtbeiner sind, lässt sich bei einem morgendlichen Spaziergang am besten entlang einer Wiese erahnen: Dann schweift der Blick nicht selten über zahllose von Tau beschlagene Netze, die im Sonnenlicht glitzern. An die tausend Individuen pro Quadratmeter haben Forschende zu bestimmten Zeiten schon gezählt! Im mittel- ⤞

Dank ihrer Wespentaille lässt sich bei Spinnen leicht ein Vorderkörper (mit Kopf und acht Beinen) von einem Hinterkörper unterscheiden (der viele Organe birgt)

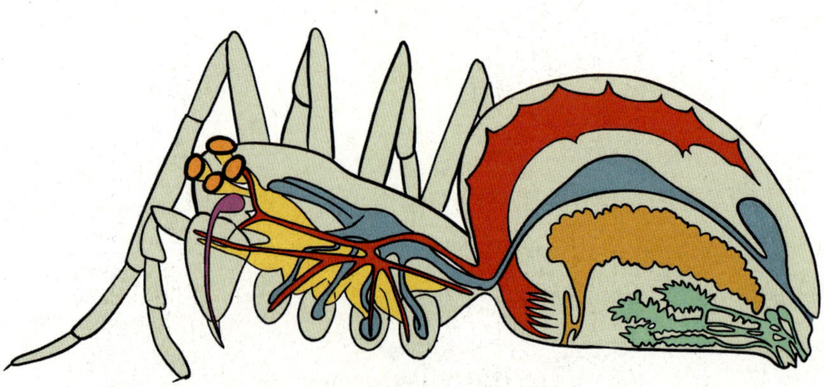

Rot: Blutgefäßsystem, Gelb: Nervensystem, Blau: Magen-Darm-Trakt, Orange: Fortpflanzungsorgane, Grün: Spinndrüsen, Pink: Giftdrüse

Bodenhaftung Viele frei jagende Spinnen verfügen an den Enden ihrer Beine über zahlreiche, extrem filigrane Hafthaare, die es ihnen ermöglichen, an glatten Flächen hochzulaufen.

Abgehoben Tatsächlich können auch Spinnen fliegen. Dabei lassen sie sich an einem Seidenfaden hängend vom Wind vertreiben und nutzen zudem das elektrostatische Feld der Erde.

Kuscheltier

1

Über
8
Augen verfügen die meisten Spinnen

Ihre Netze

verwenden Spinnen vermutlich auch als eine Art externes Sinnesorgan für mechanische Reize. Geraten sie in Schwingung, nehmen spezielle Sensoren diese Reize wahr

2
Flatterpech

Jäger mit Biss

Ich sehe dich! (1): Springspinnen erfassen ihre Beute vor allem visuell und benötigen dafür große Augen; mit ihrem flauschigen Haarkleid wirken viele beinahe kuschelig
Fette Beute (2): Eine Vierfleckspinne überwältigt einen Schachbrettfalter – wie alle Achtbeiner wird sie ihr Opfer erst verflüssigen und dann aussaugen
Tückischer Luftraum (3): Im Spätsommer spinnt auch der Nachwuchs an immer neuen Netzen mit

3

1

2

300 Eier

bringt eine Wespenspinne in ihrem Kokon unter – eine Luxusbehausung aus verschiedenen Seidenqualitäten, die den Nachwuchs über den Winter bringt

4

3

Vom Fressen und Vermehren

Gehäutet (1): Da der Hautpanzer nicht mitwachsen kann, wird er – wie bei dieser Echten Radnetzspinne – regelmäßig neu gebildet und abgestreift
Geschlüpft (2): Im Kokon reift der Nachwuchs (hier der einer Wespenspinne); die Jungen der Gartenkreuzspinne (3) bleiben für einige Zeit beieinander
Gekapert (4): Die Ameisenspringspinne ahmt Ameisen nach, ist so vor Feinden besser geschützt und kann umso effektiver Beute machen

europäischen Durchschnitt sind es immer noch etwa hundert pro Quadratmeter. Jede einzelne Population vertilgt im Laufe ihres Lebens – was meist einem Jahr entspricht – nicht weniger als das Zehn- bis Zwanzigfache ihres eigenen Körpergewichts.

Zu derart erfolgreichen Fressmaschinen konnten Spinnen sich nicht zuletzt deshalb entwickeln, weil sie unfassbar vielseitige und hocheffiziente Jagdstrategien hervorgebracht haben. Filigrane und zugleich stabile Rad- oder Baldachinnetze zu spinnen, um damit Fluginsekten aufzulauern, ist nur eine von vielen Taktiken. Manche Spezies pirschen sich an, andere springen von hinten auf ihre Opfer, spucken Leim, fischen oder ahmen Sexualpheromone ihrer Beute nach, um diese anzulocken.

Der Ameisendieb, eine Plattbauchspinne, geht wiederum so vor: Kommt der Räuberin eine Ameise nahe, greift sie das Insekt frontal an und beißt in die Basis eines seiner Fühler. Dadurch lähmt sie ihre Beute einseitig, die sich fortan nur noch im Kreis drehen kann. Die Angreiferin zieht sich zurück und wartet gemächlich ab, bis sie das erschöpfte Tier vollständig überwältigen und aussaugen kann.

Gewieft auch das Jagdverhalten der Gewöhnlichen Steinplattenspinne: Trifft sie auf einen gleichstarken Opponenten, etwa eine andere große Spinne, sprintet sie seitlich vorbei und zieht dabei ein breites Gespinstband hinter sich her. Damit fesselt sie die Fußspitzen der Gegnerin an den Boden und springt ihr von hinten auf den Rücken, um ihr so den tödlichen Giftbiss zu versetzen. Tatsächlich ist sie nicht die einzige achtbeinige Kannibalin – der größte Feind der Spinne ist oft die Spinne selbst.

Etwa **50**-mal dünner als ein menschliches Haar sind Spinnenfäden

Wieder andere Spezies ersparen sich schlichtweg die Mühen des Jagens und nisten sich als Untermieter im oder nahe am Netz großer Radnetzspinnen ein. Dort verharren sie in Lauerstellung, bis genügend Beute eingefangen ist, um einen Teil davon zu stehlen. Dabei bewegen diese „Kleptoparasiten" sich derart vibrationsarm, dass sie der Hausherrin verborgen bleiben.

Ein Sinneswunder

All diese Raffinessen sind nur möglich, weil Spinnen über einen unfassbar feinfühligen Sinnesapparat verfügen, der sie flächendeckend mit Daten aus ihrem Umfeld versorgt. Wie ein dichter Pelz wachsen ihnen zum Beispiel winzige Tasthärchen auf der Körperhülle – an den Beinen sind es bis zu 400 pro Quadratmillimeter. Sie zählen zu den empfindlichsten Biosensoren der Natur und lassen manche »→

Allein

5862

bekannte Arten von Springspinnen gibt es

Gewebte Architektur

Spinnennetze sind faszinierende organische Strukturen – drei Typen kommen vor

Netzbauende Spinnen konstruieren mithilfe ihrer Seide unterschiedliche Fallen, die die Beute entweder verraten (und zugleich einen schnellen Angriff aus dem sicheren Versteck ermöglichen) oder sie festhalten

1. Radnetz: ein filigranes Meisterwerk, das etwa zehn Prozent aller Arten nutzen, um mit möglichst wenig Material möglichst viel Raum abzudecken

2. Trichternetz: verbindet Beutefang (Trichter) und Wohnen (Röhre). Im Bereich des Übergangs vom Trichter zur Röhre sitzt die Spinne in regloser Lauerstellung

3. Baldachinnetz: Etwa die Hälfte aller mitteleuropäischen Spezies spinnt dieses dreidimensionale Geflecht häufig zwischen Gräsern oder in Sträuchern

Das Gift

der Spinnen ist sehr komplex: Womöglich enthält es je Art mehr als 100 Komponenten gleichzeitig, darunter 30 bis 40 verschiedene Typen von Nervengiften

Mit **12** *Zentimeter Körperlänge gilt die Riesenvogelspinne als größte der Welt*

Tödliche Taktik

Zangengriff (1): Am Ende der mächtigen Kiefer befinden sich die Giftklauen, die beim Biss Toxine injizieren (Große Winkelspinne)
Luftattacke (2): Dreidimensionales Sehen ermöglicht einer Springspinne, ihre Beute genau zu erfassen; ein Sicherheitsfaden schützt vor Abstürzen

Spezies mühelos die von einem fliegenden Insekt erzeugte Bugwelle aus der Luft wahrnehmen. Am spezifischen Verwirbelungsmuster des Flügelschlags können sie sogar Beute von Feinden unterscheiden. Berührt man nur ein einziges Haar einer Spinne, löst dies sofort einen Reflex aus – Flucht oder Verteidigung.

Weitere Sensoren erfassen kleinste Bodenvibrationen, Temperaturunterschiede, die Luftfeuchtigkeit oder Duftmoleküle. Und mit der beinahe inflationär anmutenden Anzahl von acht Augen können viele Arten obendrein sehen, was hinter ihrem Rücken geschieht.

Vom Feind zum Fan

Kein Wunder, dass Arachnologen, die Spinnen-Experten, ins Schwärmen kommen, wenn sie von den besonderen Fähigkeiten und Eigenschaften der Achtbeiner erzählen. Manche der Bewunderer sind mit der gleichen Abneigung groß geworden wie die meisten von uns. Doch als sie begannen, genauer hinzuschauen, wandelte sich ihr Blick.

Zumal auch in unseren Breiten wahre Prachtexemplare zu entdecken sind. Zu den schönsten heimischen Spezies gehört sicherlich die Rote Röhrenspinne, die sich in lockeren, sandigen Böden wohlfühlt, in die sie eine mit Gespinstfäden ausgekleidete Wohnröhre baut. Die Männchen sind etwa einen Zentimeter lang und haben einen leuchtend roten Leib.

Mit etwas Glück lassen sie sich besonders an warmen, trockenen Tagen im Spätsommer blicken, wenn sie die Behausung paarungsbereiter Weibchen ansteuern. Die kümmern sich als einige der wenigen heimischen Spinnenarten intensiv um ihre Brut. So produzieren sie nach dem Schlüpfen der Jungspinnen einen nährstoffhaltigen Brei, den sie Mund zu Mund verfüttern. Ist der Vorrat aufgezehrt, gehen sie zur ultimativen Hingabe über und stellen ihren eigenen Körper als Nahrung zur Verfügung. Auf diese Weise startet der Nachwuchs optimal ins Leben.

Fürsorglicher, ja liebenswürdiger können Tiere wohl kaum sein.

Den Spinnen zuliebe

Wie bugsiere ich Spinnen aus der Wohnung?
Die beste Methode besteht darin, die Spinne mit einem Glas einzufangen, dieses mit einem Stück Karton zu verschließen und das Tier außerhalb des Hauses wieder freizulassen.

Wie helfe ich Spinnen draußen?
Spinnen benötigen vor allem Strukturreichtum als Rückzugs- und Überwinterungsort, etwa Ast- und Steinhaufen, Holzstapel, begrünte Fassaden oder viele Gehölze.

Rekord-Seide Die dünnsten Fäden, die manche Spinnen produzieren können, sind nur einen Hunderttausendstelmillimeter dick! Sehen können wir sie nur, weil sie Licht gut reflektieren.

Buchtipp In „Spinnen – Alles, was man wissen muss“ (Springer) finden sich die wichtigsten Erkenntnisse aus wissenschaftlicher Feder. Ein Highlight für Fans – und solche, die es werden wollen.

Warum bloß züngelt die *Ringelnatter*?

Text und Illustration: Rainer Harf

In Sagen und Mythen gilt sie als Glücksbringer, und tatsächlich ist die Ringelnatter für uns Menschen völlig harmlos. Das hübsche Reptil schlängelt sich vornehmlich durch Feuchtgebiete. Doch weshalb lässt die Natter dabei oft ihre Zunge aus dem Maul schnellen?

Unter den heimischen Schlangen ist die Ringelnatter die häufigste: Das Reptil mit der charakteristisch gelben Halsfärbung liebt Seen und Teiche, Sümpfe und Feuchtwiesen. Den Winter über verharrt die Natter in einer Starre, etwa im Schutze von Komposthaufen. Mit der Frühlingssonne erwachen die Schlangen und halten Ausschau nach Nahrung – und einem Partner. Auf ihren Streifzügen lassen die Tiere wieder und wieder ihre vorn gespaltene Zunge aus dem Maul schnellen. Typisch Schlange eben.

Dieses Züngeln hilft der Natter bei ihrer Suche: Unzählige Moleküle, die durch die Luft schwirren, bleiben an dem feuchten Organ kleben. Im Maul drückt das Tier die Zunge gegen das Gaumendach und schiebt die beiden Spitzen in ein dort sitzendes, paarig angelegtes Sensorium: das Jacobson-Organ. Hochempfindliche Sinneszellen darin registrieren, ob sich Spuren spezieller Stoffe auf der Zungenschleimhaut befinden. Dazu gehören Aromen potenzieller Beutetiere (Frösche, Kröten, Mäuse) oder auch Pheromone: Sexualhormone, die von Artgenossen stammen.

Auf diese Weise angelockt buhlen zuweilen gleich zwanzig Männchen um die Gunst eines paarungsbereiten Weibchens und schmiegen sich mit zuckenden Bewegungen an die Angebetete. Schließlich darf eines der Männchen ran. Sein Begattungsorgan, der sogenannte Hemipenis, schwillt dabei derart stark an, dass der Natterich ihn auch nach Vollendung des eigentlichen Akts nicht herausziehen kann. So geschieht es nicht selten, dass bei Störungen der kleinere Partner (in der Regel das Männchen) einfach mitgeschleift wird – teils über mehrere Stunden.

Die Natternmutter legt meist im Juli rund fünfzig Eier, aus denen im Frühherbst zierliche Schlänglein schlüpfen. Neugierig erkunden die Jungen ihre Umgebung. Und beginnen sogleich zu züngeln. ●

Wie eine Haarlinie zieht sich der dünne Pfad durch die saftigen Hügel. Die Reitenden folgen dicht auf dicht, denn abseits des Weges ist der Grund morastig

LIEBLICH MUTET DIE LANDSCHAFT VOR MIR AN, DOCH ICH WEISS: VERBORGEN IM SATTEN GRÜN SCHLUMMERN MOORE

Zu Pferde durch nordische Weiten

Glitzernde Berge, endlose Steppen, reißende Flüsse, tückische Moore: Es ist eine Landschaft wie aus »Der Herr der Ringe«, durch die eine Trekking-Gruppe in Norwegen reitet. Neun Tage, in denen sich eine intensive Beziehung zwischen Pferd und Mensch entwickelt

Text: Katja Wegener Fotos: Monika Bruhn

ISLANDPFERDE SIND GUTMÜTIGE TIERE: GEDULDIG WARTEN SIE WÄHREND DER PAUSEN, DIE WIR ZWISCHENDURCH EINLEGEN

Die Autorin

Die Landschaft des Nordens entfaltet einen Sog – rau und weit zieht sich das satte Grün von Horizont zu Horizont

Schon beim Ankommen schlägt mir diese besondere Luft entgegen, die ich so liebe: Würzig ist sie, frisch und energiegeladen. Meine Sinne werden wach. Meine Aufregung steigt. Bald geht es endlich wieder los! Bald versinke ich wieder in diesem unbeschreiblichen Gefühl, das mich jeden Sommer aufs Neue hierherlockt. In die Weite Norwegens. Zu den Pferden.

Noch merke ich aber die Anspannung des Großstadtalltags in meinen Gliedern. Und wie immer zu Beginn dieser abenteuerlichen Reit-Touren schießen mir auch zweiflerische Gedanken durch den Kopf: Bist du überhaupt fit genug für das, was vor dir liegt?

Zwischen 136 und

146

Zentimetern ist das Stockmaß von Islandpferden

IMMERHIN werden wir neun volle Tage in der rauen Natur des Nordens unterwegs sein, schwieriges Terrain passieren, möglicherweise in fauchende Stürme und duschartigen Regen geraten (alles schon passiert).

Unser Ausgangspunkt – ein kleines Nest namens Stugudal – liegt ein paar Hundert Kilometer nördlich von Oslo nahe der schwedischen Grenze. Die Landschaft ringsum: ein Setting für „Der Herr der Ringe", in der Ferne glitzern die Bergrücken des Sylane-Massivs. Meine Mitstreiter und -reiterinnen kenne ich inzwischen gut; wir sind in den vergangenen Jahren zu einer Art Trekking-Familie zusammengewachsen. Doch so oft wir schon hier waren: Ohne Ole, unseren Reitführer und Leiter des „Dyrhaug Ridesenter", würden wir uns spätestens nach ein paar Stunden in ➻

Feuerstelle

Oft reitet der Tourguide Ole Dyrhaug (oben) voran, um das Gelände zu prüfen und sichere Wege für die Gruppe zu erkunden. Die Pferde müssen immer wieder neu beschlagen werden (unten)

Erschöpft – und glücklich: geselliges Zusammensein nach einem langem und aufregenden Ritt

Hütten-Luxus

Nach jedem Reittag wird die Ausrüstung gut verstaut, getrocknet, neu geordnet. Die neu gebaute Hütte Bjørneggen bietet höchst willkommenen Komfort

Bereits im

3.

Jahrtausend vor Christus wurden Pferde domestiziert

den Hügeln, Wäldern und Mooren verirren. Der 60-jährige Norweger kennt hier, so abgedroschen es klingt, wirklich jeden Stein.

Gegen zehn Uhr vormittags haben wir die Pferde aufgesattelt und bepackt. Aufbruch. Das hübsche Tier, auf dessen Rücken ich sitzen darf, heißt Náttfari – ein 8-jähriger Wallach, rotbrauner Kopf, dunkle Wuschelmähne. Ein typisches Islandpferd. Es dauert nur wenige Momente, bis ich die Verbindung spüre, die so wichtig ist beim Reiten.

ICH FÜHLE *Náttfaris Bewegungen, kräftig und geschmeidig zugleich sind sie.* Und ich versuche mich so gut wie möglich in das Pferd hineinzuversetzen, versuche gewissermaßen, mit Náttfari mitzugehen, meinen Körper und meine Bewegungen seinem Rhythmus anzupassen. Ich bin hellwach, konzentriert. Und merke mit jeder Stunde, die wir reiten, wie Deutschland aus meinem Kopf verschwindet – und ich mehr und mehr eintauche in das Hier und Jetzt.

Heute reiten wir nur 15 Kilometer, eher leichtes Gelände, hier gibt es noch Wege, an denen wir uns orientieren. Nachmittags erreichen wir eine bewirtschaftete Hütte. Meine Muskeln zwicken, die nötige Kondition fehlt noch. Ich bin es gewohnt: Die ersten zwei, drei Tage sind immer die schwersten.

Doch die Landschaft und dieses intensive Naturerlebnis entschädigen für alle Mühe. Ole führt unsere Gruppe in den nächsten Tagen durch horizontweite Wollgrasebenen, durch Tundra bewachsen mit Zwergsträuchern, immer wieder durchqueren wir Birkenwälder, »→

RUNDREISE: VON HÜTTE ZU HÜTTE

TAG 7: AUF EINEM LANGEN RITT MIT VIEL WIND UND REGEN MACHEN WIR KURZ RAST – HEUTE ZÄHLT VOR ALLEM EINS: GUTE OUTDOOR-KLEIDUNG

DREISSIG JAHRE ERFAHRUNG ALS TOUR-GUIDE BRINGT DER NORWEGER OLE DYRHAUG MIT

Nur besonders trittsichere und ausdauernde Pferde eignen sich, als Leittier mit dem Reitführer ganz vorne zu gehen

Rund
280 000
Islandpferde gibt es weltweit

Auf ebenen Strecken können die Islandpferde in eine flotte Gangart wechseln: den Tölt. Dennoch sollte man den Guide nie überholen, denn auch einfach scheinendes Gelände kann unerwartete Tücken haben

Guckguck

Unterm Schirm: Ein Accessoire aus der Zivilisation kann manchmal auch in der Wildnis von Nutzen sein

reiten über Heideflächen, auf denen der Wacholder weht. Trittsicher erklimmt Náttfari Hänge und Felsrücken. Die allermeisten Pferde hätten in dieser unwegsamen Gegend kaum eine Chance, würden abrutschen, umknicken, scheuen.

Aber Náttfari ist eben ein Islandpferd. Meine Lieblingsrasse: gutmütig, robust, klug. Auf seinem Rücken fühle ich mich absolut sicher, ganz gleich, welche Herausforderungen es zu meistern gilt. Zum Beispiel die Durchquerung von Mooren, die hier nicht selten (und für mich oft völlig unerwartet) vor uns auftauchen.

Náttfari senkt dann seinen Kopf, setzt vorsichtig einen Fuß vor den anderen, schnuppert am dunklen Wasser, das zwischen den Moorpflanzen schimmert. Ja, er kann tatsächlich riechen, wie schlammig, fest oder tief der Untergrund ist. Er weiß genau: Hier können wir weiter. Oder: Da machen wir lieber einen Bogen drum.

ALS WIR ***am sechsten Tag einen Fluss überqueren, wird mir fast schwindlig,*** als ich auf die reißenden Fluten schaue, die unter uns hinwegwirbeln. Doch Náttfari bleibt gelassen, ertastet die glitschigen Felsen im Flussbett und bringt uns sicher ans andere Ufer.

Ja, auf mein Pferd ist Verlass, mein Vertrauen zu Náttfari wächst mit jedem Tag. Und die Stunden, die ich auf seinem Rücken verbringen darf, vertiefen auch mein Verständnis für das Tier.

Inzwischen kenne ich Náttfari so gut – sein Spiel mit den Ohren, die Eigenart, wie er seinen schönen Kopf bewegt –, dass ich genau spüre, ob ihn etwas irritiert, ob er zögert. Oder ob er entspannt und selbstvergessen ist. Dann schaut er sich um, genießt – wohl so wie ich – die Natur. Wiehert vor Freude, wenn in einiger Entfernung ➸

AUF DEM RÜCKEN MEINES PFERDES FÜHLE ICH MICH SICHER, SELBST WENN WIR SCHWIERIGES TERRAIN PASSIEREN

Die Tourfotografin Monika Bruhn genießt eine kurze Reitpause zum Ausstrecken und Träumen. Auch die Pferde dösen ein wenig

Wildwasser

Ab und zu trifft die Gruppe auf frei lebende Rentiere. Die Samen lassen sie in der kurzen Sommersaison wild umherstreifen

eine kleine Truppe Rentiere vorbeiläuft. In vielen Stunden, die wir reiten, fühle ich mich mit Náttfari geradezu verschmolzen. Als seien wir eins. Dieser Zustand ist einzigartig, wie eine Art Meditation. Für mich ist es die Essenz des Reitens, ein tief empfundenes Glück.

HIN UND WIEDER *reiten wir auf ebener Fläche entlang von Pfaden*, die hier nur spärlich die Lande durchkreuzen. Dann kann Náttfari in meine Lieblingsgangart wechseln, die ganz typisch für Islandpferde ist: den Tölt. Das Nonplusultra! Es ist ein Vierertakt: 1234 1234 1234. Ich lasse mich etwas nach hinten fallen, sitze wie in einem Wohnzimmersessel. Die Landschaft fliegt vorbei.

Und auch die Zeit, hier in Norwegen, vergeht wie im Flug. Als wir am neunten Tag – nach 216 Kilometern – wieder in Stugudal ankommen, bin ich wie beseelt. Vom Stress, den ich vor Kurzem noch hierhin getragen hatte, ist nichts mehr zu spüren.

Ich bin auch ein wenig stolz auf mich: Ich habe es geschafft! Vor allem aber erfüllt mich Dankbarkeit: Náttfari gegenüber. Was für ein Geschenk, dass er mich all die Zeit getragen hat.

Der Abschied von den Pferden und der Gruppe, er schmerzt. Doch neben der Traurigkeit keimt jetzt schon ein Funke von Vorfreude in mir. Nächstes Jahr werde ich wieder tölten.

TIPPS

Unterwegs in Norwegen

Einige Informationen für jene, die Lust auf Wanderreiten in Norwegen haben

DIE TOUR: 9 TAGE, 216 KM

Die Strecke:
Insgesamt ist die Gruppe neun Tage unterwegs. Ausgangspunkt und Ziel der Rundtour ist der Ort Stugudalen. Die Tagesritte dauern zwischen vier und sieben Stunden. Insgesamt sitzen die Reiterinnen rund 46 Stunden im Sattel und legen eine Distanz von etwa 216 Kilometern zurück.

Ausrüstung
Oft fragen Interessierte danach, welche Ausrüstung für eine solche Tour von Hütte zu Hütte benötigt wird. Eine wichtige Frage, denn das A und O ist tatsächlich gutes Equipment, gerade weil das Wetter hoch im Norden sehr wechselhaft sein kann. Mitunter regnet es den ganzen Tag über, oder heftige Sturmböen peitschen über die Ebenen. Was nicht fehlen sollte sind: ein Schlafsack (eventuell ein Hüttenschlafsack, der sehr leicht ist), gute Regenkleidung (vor allem eine wasserdichte Jacke und Hose), wasserdichte hohe Wanderschuhe, warme Woll- oder Fleecepullover, eine wind-dichte Jacke, Handschuhe, Schal. Mehr Infos und Anregungen unter *dyrhaug.no*.

Beim Pferdetrekking geht es auch darum, das richtige Rüstzeug dabei zu haben und es platzsparend und schlau zu verstauen

Flauschige *Jäger*

So unschuldig Robbenbabys auch aussehen mögen, als erwachsene Tiere sind sie perfekte Räuber im Meer – mit bewundernswerten Fähigkeiten und einem dunklen Geheimnis

Text: Katharina Jakob Fotos: Willi Rolfes

E

Ein schneeweißes Flauschfell, ein kleiner, dicklicher Leib und riesige Kulleraugen: Mehr braucht das Kegelrobbenjunge nicht, um fast jedes andere Jungtier an Niedlichkeit zu übertreffen. Doch was da in der unwirtlichsten Zeit des Jahres auf einer Sandinsel zur Welt kommt, ist nicht nur die stärkste Konkurrenz des Teddybären, sondern auch eine optische Täuschung. Wenn es ausgewachsen ist, wird es kein Plüschtier mehr sein, sondern Deutschlands größtes und stärkstes Raubtier – das seinen Namen den kegelförmigen Zähnen verdankt, die tiefe Wunden reißen.

Aber noch ist es nicht so weit. Jetzt im Frühjahr sind die Kegelrobben, die zwischen November und Februar geboren werden, noch mit ihrem Heranwachsen beschäftigt.

Den weißen Babypelz, das sogenannte Lanugofell, haben sie abgelegt und gegen das getupfte Fell der erwachsenen Robben eingetauscht.

Statt an Stränden zu liegen und auf ihre Mütter zu warten, leben sie nun als Einzelgänger im Meer. Die Jagd nach Fisch haben sie sich selbst beigebracht, denn Kegelrobbenmütter verlassen ihre Jungtiere bereits nach etwa drei Wochen, direkt nach dem Absäugen. Doch dank der nahrhaftesten Milch im ganzen Tierreich – rund fünfzig »→

Rund
300
Kilo kann eine Kegelrobbe auf die Waage bringen

Prozent Fettgehalt – werden die Jungen jeden Tag anderthalb bis zwei Kilo dicker. In kürzester Zeit legen sie sich eine massige Speckschicht zu, von der sie zehren, bis sie den ersten Hering gefangen oder den ersten Plattfisch am Meeresboden erbeutet haben.

Den jungen Seehunden ergeht es ähnlich, auch sie haben bloß etwa einen Monat Zeit, um selbstständig zu werden. Nur dass sie im Frühsommer zur Welt kommen.
Ihre Mütter gehen nicht wie Kegelrobben auf festes Land, sondern wählen für die Geburt Sandbänke aus, die bei Flut wieder überspült werden. Ein Seehundweibchen kann die Zeit der Ebbe abwarten und die Geburt so lange hinauszögern, bis eine Sandbank wieder aus dem Wasser auftaucht. Dann robbt sie aufs Trockene und wirft ihr Jungtier innerhalb von Minuten. Das Neugeborene hat jetzt nur wenige Stunden Zeit, sich auf sein Leben im Nassen vorzubereiten. Kommt die Flut zurück, gleitet es mit der Mutter ins Meer. Es trägt von Anfang an ein wasserdichtes Fell und nicht den flauschigen Babypelz der Kegelrobben.

Die beiden Heimischen
Seehunde und Kegelrobben sind die einzigen Robbenarten von weltweit 35, die in Deutschland vorkommen: im Wattenmeer und in der Ostsee. Ganz selten verirrt sich die arktische Ringelrobbe in unsere Gewässer, die sonst im »→

Faule Pelze
Kegelrobben wirken an Land eher träge. Im Wasser aber bringen es die agilen Schwimmer auf Geschwindigkeiten von bis zu 30 Kilometer pro Stunde

Guter Riecher
Robbenmütter erkennen ihren Nachwuchs vor allem an dessen einzigartigem Geruch. Auch deshalb sollte man verlassene Jungtiere niemals anfassen

Fast *80 Prozent* ihres Lebens verbringen Kegelrobben im Wasser – schwimmend, jagend, schlafend

Zweikampf

Kegelrobben sind Einzelgänger. Nur zur Geburts- und Paarungszeit treffen sie auf Artgenossen. Bullen kreisen dann Territorien mit sechs, sieben Weibchen ein, die sie mit Flossen und Zähnen gegen Nebenbuhler verteidigen

Robben sind *Grenzgänger* – Wanderer zwischen den Welten: Sie bewohnen Land *und* Meer

20 Minuten

Kegelrobben sind fantastische Taucher: Mit einem einzigen Atemzug vermögen sie 20 Minuten zu tauchen. Während eines Beutezuges schwimmen die Tiere bis zu 50 Kilometer entlang der Küsten

Kegelförmig Kopf- und Zahnform brachten ihr die Bezeichnung Kegelrobbe ein. An ihrer Silhouette ist sie gut vom Seehund zu unterscheiden

Zweisam Kurz nach der Geburt ist Paarungszeit. In der Regel finden sich Kegelrobben immer neu, es gibt aber auch monogame Paare

Die Kegelrobbe

Halichoerus grypus

Merkmale: *keilförmiger Kopf, zweieinhalb Meter lang*

Nahrung: *Hering, Dorsch, Plattfisch, Krebs- und Weichtiere*

Jungtiere: *kommen nach elf Monaten Tragzeit winters zur Welt*

Männchen und Weibchen unterscheiden sich vor allem durch ihre Fellfärbung. Der Pelz der Bullen ist grau, durchsetzt mit hellen Flecken, jener der Weibchen ist hell mit dunklen Flecken

Polarmeer und im nördlichen Teil der Ostsee lebt. Da Robben Meeressäuger sind, verbringen sie die meiste Zeit ihres Lebens im Wasser und kommen nur zum Ausruhen an Land. Was bedeutet, sie lassen sich nicht gut zählen. Ihre Bestände werden aus der Luft erfasst und dann hochgerechnet, beim Flug über Sandbänke, Inseln und Strände. Gut möglich also, dass sich noch mehr von ihnen in unseren Gewässern tummeln.

Trotz der ungenauen Zahlen zeigt sich jedoch: Die Populationen beider Arten haben sich erholt. Einst standen sie kurz vor der Ausrottung, vor allem durch die extreme Bejagung, aber auch durch Umweltgifte im Meer. Heute leben geschätzt wieder rund 38 000 Kegelrobben in der Ostsee und etwa 7650 im Wattenmeer. Dort befindet sich auch ihre größte Geburtskolonie in Deutschland, auf der Helgoländer Düne.

Abgesehen von dieser Kegelrobben-Kinderstube dominieren die Seehunde das Wattenmeer. Derzeit wird ihr Bestand in der Nordsee auf etwa 28 350 Tiere geschätzt.

Was die Zählung beider Arten zusätzlich erschwert, ist ihr Hang zu ausgedehnten Jagdausflügen. Auf der Suche nach Nahrung schwimmen Seehunde und Kegelrobben hin und wieder auch die Flüsse hinauf. Sie zeigen sich in der Elbe und sogar im Rhein, wie unlängst ein Seehund auf der Höhe von Krefeld.

Überhaupt ist das vermeintlich träge Tier für einige Überraschungen gut. Wer es auf einer Sandbank liegen sieht, könnte auf den Gedanken kommen, ein Robbenleben bestünde nur aus Sonnen- »→

Babypelz Der Kegelrobben-Nachwuchs trägt zunächst wärmendes, langhaariges Fell, mit dem er aber nicht schwimmen kann. Nach vier Wochen erfolgt der Fellwechsel.

Erfolgsgeschichte Um 1900 waren Kegelrobben fast ausgerottet. Ihre Population erholte sich – weil man die Jagd auf sie verbot und ihnen angestammten Lebensraum zurückgab.

Kurzsichtig
Neugierig blicken die Seehunde auf. Doch an Land erkennen sie wenig. Ihre Augen sind an die Lichtbrechung des Wassers angepasst

Gemütlich
Seehunde lieben es, nach der Jagd an Land zu ruhen. Doch sie können auch unter Wasser schlafen – für etwa 30 Minuten

Empfindlich
Bei der Jagd im Trüben verlassen sich Seehunde auf ihre Schnurrhaare. Die erspüren auch kleinste Wasserverwirbelungen, wie Fische sie verursachen

Gut lachen …

… haben nicht nur die Seehunde, sondern auch die, die sie schützen. Denn lange wurde im Wattenmeer nicht mehr so viel Nachwuchs geboren wie in den vergangenen Jahren. Seit den 1970ern, als die Bestände dramatisch einbrachen, ist die Jagd streng reglementiert

Der Seehund

Phoca vitulina

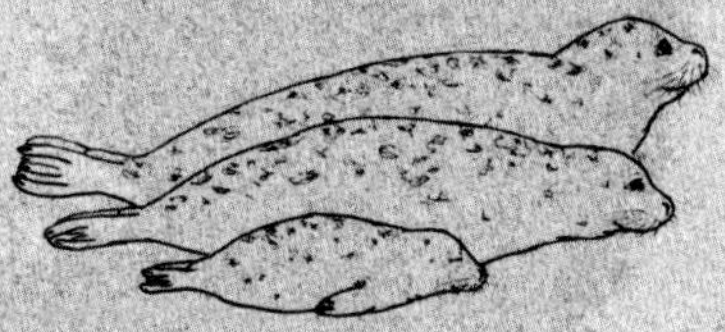

Merkmale: *rundlicher Kopf, bis 170 cm lang*

Nahrung: *Hering, Dorsch, auch Plattfisch, Grundeln, Aale*

Jungtiere: *zwischen Ende Juni und Mitte Juli gebären Weibchen meist einen Welpen*

Seehunde sind nur für Paarung, Geburt und Jungenaufzucht an Land. Der Großteil ihres Lebens spielt sich im Wasser ab

Bis zu

30

Jahre alt können Seehunde werden

baden und Nickerchen. Doch was sich unter Wasser abspielt, ist so aufregend und kräftezehrend, dass nur langes Ausruhen auf festem Grund die Energiespeicher wieder auffüllt.

Unter Wasser sind beide Arten pfeilschnelle Jäger, die ein Tempo von mehr als dreißig Stundenkilometern erreichen. Da Kegelrobben gern Plattfische erbeuten, die am Grund leben, stoßen sie in Tiefen bis zu siebzig Metern vor und wenden dann eine außergewöhnliche Technik an: Sie drehen sich auf den Rücken und jagen über Kopf. Ihre Augen sind so dem Meeresboden ganz nah und können die im Sand verborgenen Schollen und Flundern ausmachen.

Mit dem Bart sehen

Doch auch in stockdunkler Nacht oder in trüben Gewässern sind Seehunde und Kegelrobben Meister ihrer Sinne. Wo es nichts zu sehen gibt, verlassen sie sich auf ihre Barthaare, die sogenannten Vibrissen. Ein jedes dieser Schnurrhaare funktioniert wie ein hochsensibler Fühler, an dessen Ende in der Haut rund 1600 Nervenfasern sitzen.

Diesem feinen Werkzeug entgeht nichts. Wer weiß schon, dass ein fliehender Fisch einen Abdruck im Wasser hinterlässt? Eine unsichtbare Spur aus feinen Wirbeln, von Schwimmbewegungen hervorgerufen? Robben können das Wellenmuster erspüren, das ein Fisch auf der Flucht erzeugt, und ihm so präzise folgen. In Experimenten an der Rostocker Forschungsstation, dem Marine Science Center, hat sich gezeigt, dass Seehunde solche winzigen Verwirbelungen selbst dann noch wahrnehmen können, wenn die Spur schon mehr als eine halbe Minute alt ist.

Aber auch ein Plattfisch, der in finsterer Nacht reglos im Sand ruht, darf sich nicht sicher fühlen. Er muss atmen – und diese hauchfeinen Bewegungen, die durch den Wasserstrom entstehen, fangen Seehunde mit ihrem Schnurrbart auf. Früher glaubte man, dass sie den Körper eines Beutetiers mit ihren Vibrissen abtasten müssen, um ihn zu entdecken. Aber das ist gar nicht nötig. Den Atem einer Flunder fühlen Seehunde auch dann, wenn sie in deutlichem Abstand zum Meeresgrund ihre Bahnen ziehen.

Ein anderer Irrtum wurde erst vor einigen Jahren entlarvt: Robben fressen nicht nur Fische. Sie jagen auch die eigene Familie. Dabei hat der kleinere Seehund keine Chance gegen die mächtige Kegelrobbe.

Ein ausgewachsener Bulle kann 330 Kilo schwer werden und eine Länge von 2,30 Metern erreichen. Ein männlicher Seehund hingegen bringt höchstens 100 Kilo auf die Waage, und auch die ➔

Hoch die Flossen

Letzte Rettung Verletzte Robben werden in der Seehundstation Friedrichskoog vorübergehend versorgt. Anders als in der Natur leben hier Seehunde und Kegelrobben zusammen.

Leibspeise In Friedrichskoog versorgt man junge Robben mit einer Lachsemulsion. Da sie keinen Schluckreflex haben, wird ihnen die Nahrung über einen Schlauch eingeführt.

ARTENSCHUTZ

Unter Beobachtung

Seit Jahren werden die an deutschen Küsten heimischen Robbenarten geschützt

Kegelrobben gelten als besonders geschützte Art, anders als Seehunde, die dem Jagdrecht unterliegen. Allerdings haben Seehunde eine ganzjährige Schonzeit und werden nicht bejagt. Robbenschutz bedeutet vor allem, verletzte, unterernährte Tiere zu pflegen und Heuler großzuziehen. Dabei werden nur die Jungtiere Heuler genannt, die noch nicht selbstständig leben können und dauerhaft von ihrer Mutter getrennt sind. An Nord- und Ostsee gibt es zwei offizielle Robbenschutzstationen: die Seehundstation Friedrichskoog in Schleswig-Holstein und die Seehundstation Nationalpark-Haus im niedersächsischen Norddeich. Auf der Insel Föhr existiert noch das privat betriebene Robbenzentrum Föhr. Wichtig zu wissen: Seehunde und Kegelrobben an Land brauchen Ruhe und sollten nicht gestört werden. Man sollte einen Abstand von mehreren Hundert Metern einhalten. Auch sind Kegelrobben äußerst wehrhaft. Seehunde hingegen fliehen vor Menschen. Sind sie von Jagdzügen erschöpft und werden wieder ins Wasser getrieben, kann das für die Tiere gefährlich werden, weil sie dann nicht zur Ruhe kommen.

Sichere Bank

Auf einer Sandbank mitten im Wattenmeer erholen sich die Seehunde von ihren teils tagelangen Beutezügen. Vom Strand oder einem Boot aus lassen sich die Tiere an solchen Plätzen gut beobachten.

Etwa
3
Kilo Fisch frisst ein Seehund täglich

Weibchen beider Arten sind deutlich kleiner und leichter. In der See vor der Helgoländer Düne haben Forschende leibhaftig mitangesehen, wie die großen Räuber Seehunde erbeuten.

Typische Biss-Spuren

Sie reißen ihnen die Speckschicht vom Leib, um an das rote Fleisch zu gelangen. Weil dieses Fraßmuster ganz ähnlich aussieht wie die Verletzungen, die von Schiffsschrauben hervorgerufen werden, blieb lange Zeit verborgen, wie räuberisch Kegelrobben in Wirklichkeit sind.

Sie jagen Schweinswale, Seehunde – und manchmal sogar ihre eigene Art. Dass Kegelrobben auch voreinander nicht haltmachen, hat im vergangenen Jahr eine Forschungsarbeit nachgewiesen.

Das Plüschtier ein Kannibale? Das wäre zu viel gesagt, seine Hauptnahrung sind nach wie vor Fische.

Aber harmlos ist es eben auch nicht. Sondern ein kompromissloser Jäger in einer sehr rauen Welt.

Entfernte Verwandte
Galápagos-Seelöwen, die zu den Ohrenrobben zählen, bewohnen ein winziges Insel-Archipel

Auf Distanz Robben und Hunde haben gemeinsame Ahnen. Sie können einander deshalb noch heute mit Krankheiten wie der Staupe anstecken – und sollten am Strand auf Abstand gehen.

Ausflugstipp In den Hafenstädten am Wattenmeer starten regelmäßig Ausflugsfahrten, um Seehunde zu beobachten. Infos: *www.die-nordsee.de/ausflugsfahrten-zu-den-seehundbaenken.*

Familientreffen

Seehund und Kegelrobbe zählen zur großen Sippe der Robben, oder korrekt: Flossenfüßer. Diese wiederum schließt drei „Robbenfamilien“ ein

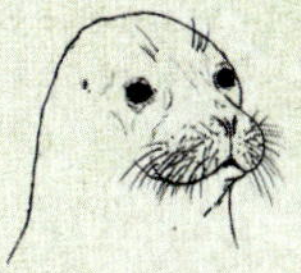

HUNDSROBBEN

Hundsrobben (Phocidae) bilden die größte und am weitesten verbreitete Familie. Sie sind an der heimischen Küste (Seehund, Kegelrobbe), aber auch in der Arktis (Ringelrobbe) zu Hause

OHRENROBBEN

Ohrenrobben (Otariidae) wie Seelöwen oder -bären sind die größten in der Sippe. Und setzen sich zudem durch kleine, äußerlich sichtbare Ohren ab

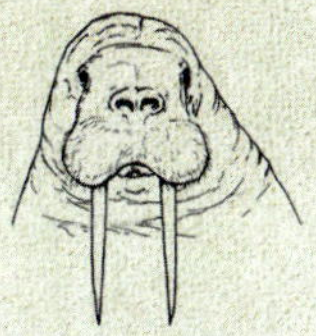

WALROSSE

Walrosse (Odobenus rosmarus) sind die Sonderlinge unter den Robben. Es gibt zwei Unterarten

Ringelrobbe

Seelöwe

Walross

Weltweit gibt es 33 bis 35 Robbenarten – je nach Zählung. Sie gehen wahrscheinlich alle auf einen Urahn zurück, der vor rund 30 Millionen Jahren vom Land ins Wasser zog. Im Sippennamen drückt sich dieser Weltenwechsel aus: »pinnipedia«, übersetzt: »Flossenfüßer«. Bei aller Unterschiedlichkeit teilen sie drei Gemeinsamkeiten: Sie besitzen Flossen, einen torpedoförmigen Körper sowie eine isolierende Fettschicht, den »Blubber«.

Wer muss sich vor dem *Waller* fürchten?

Text und Illustration: Rainer Harf

Manche Badenden fürchten ihn, den Wels: Aus der Tiefe kommt er, in die Tiefe zieht er seine Opfer, so hört man zuweilen. Doch was ist dran an den vielen Geschichten, die sich um den mächtigen Fisch ranken?

Mit seinem breiten Maul und einer Länge von bis zu drei Metern bietet der Wels Stoff für Schauergeschichten: Urplötzlich und urgewaltig soll der Riesenfisch vom Seegrund auftauchen und badende Kinder in die Tiefe ziehen. Derart fatale Angriffe gehören ins Reich der Ammenmärchen. Zwar kommt es in seltenen Fällen schon einmal zu Attacken mit Bisswunden. Aus Sicht des Welses dann aber eher als Verteidigung, etwa wenn Schwimmende einem Nest zu nahe kommen.

Und doch: Der größte ständig im Süßwasser lebende Fisch Europas ist ein gefräßiger Räuber, der wenig verschmäht, sofern er es bewältigen kann. Er schnappt nach Fischen, Fröschen und Krebsen, nach Würmern, Insekten und Schnecken. Manche Welse haben es auf Enten abgesehen, andere wuchten ihren massigen Leib ans Ufer, um unachtsame Tauben zu erbeuten. Ja, selbst seinesgleichen findet *Silurus glanis* schmackhaft.

Auf Jagd geht der Wels oder Waller (beide Namen gehen übrigens – wie das Wort Wal – auf das germanische „hwala-" zurück) am liebsten nach Einbruch der Dämmerung. Seine Augen braucht der Räuber dabei kaum. Stattdessen verlässt er sich im nachtschwarzen Wasser ganz auf seine anderen Sinne.

Mit außergewöhnlich gutem Gehör lauscht der Jäger nach verlockenden Lauten und erschnuppert mit hochsensibler Nase feinste Noten appetitlicher Düfte, die in der Strömung treiben. Zudem sitzen zahlreiche Tast- und Geschmackssensoren im und um das Maul herum, an den Flossen, an der Kopfhaut, am Vorderkörper. Und auch an den beiden auffälligen länglichen Barteln, mit denen der bis zu 150 Kilo schwere Kaventsmann seine Umgebung förmlich nach Beute sondiert.

Gruselige Schauergeschichten könnten sich berechtigterweise also eher eine ganze Reihe von Wassertieren erzählen. ●

Gras, was macht dich so erfolgreich?

Derart selbstverständlich sprießen Gräser aus dem Boden, dass wir sie beinahe schon übersehen. Dabei sind die grünen Halme die wahren Stars im Pflanzenreich

Text: Sebastian Witte

Flexibel wiegen sich Grashalme im Wind – und halten aufgrund ihrer Konstruktion selbst stärkeren Stürmen stand

Wie ein Meer aus Wattebäuschen erscheinen Wollgräser nach der Blüte: Dann haben sich Fruchtstände mit feinen Hüllfäden gebildet, an deren Ende winzige Samen sitzen. Wind und Wasser tragen sie schließlich davon

Wenn die Sonne über die Ebenen streicht, offenbart die Landschaft ihren ganzen Zauber

Einem Teppich gleich überziehen Gräser ganze Landschaften (hier auf Island) und sind somit Kraftspender für zahllose pflanzenfressenden Tiere

Gräser geben durch ihr tausendfach verzweigtes Wurzelgeflecht vielen Böden Halt, schützen etwa Dünen vor Erosion – und können rasch große Mengen Feuchtigkeit aufnehmen

So filigran sind viele Blütenhalme, dass sich Tautropfen an ihnen absetzen

Zwischen April und Juli blüht der weitverbreitete Wiesen-Fuchsschwanz

Schon der Name klingt schlicht und wenig hervorragend: Gras. Auch seine Gestalt kommt eher unscheinbar daher. Dabei sind die zarten grünen Stängel, die da allerorten aus dem Boden sprießen, in Wahrheit echte Superhalme. Man kann sogar behaupten, dass sie das Faszinierendste sind, was die Botanik zu bieten hat. Denn: Gräser zählen zu den erfolgreichsten Pflanzen der Erde – kaum ein Winkel, in dem sie nicht heimisch sind! Im Verbund schaffen sie ein gigantisches Ökosystem und bedecken unter verschiedenen Namen große Teile Europas und Asiens (Steppe), Afrikas (Savanne), Südamerikas (Pampa) und Nordamerikas (Prärie).

Globale Erfolgsgeschichte

Weltweit rund 12 000 Süßgräser haben kundige Fachleute bislang unterschieden. Einjährige und ausdauernde, glattstängelige und knotige, winzige und riesige. Vom wenige Zentimeter messenden Einjährigen Rispengras (das vermutlich am häufigsten verbreitete Gras überhaupt), über den Geknieten Fuchsschwanz (der sich in Sümpfen wohlfühlt) bis zur Fieder-Zwenke (die Wegränder und lichte Flächen besiedelt). Was nur macht all diese auf Laien unspektakulär wirkenden Gewächse so besonders?

Gräser zählen zu den ältesten Nutzpflanzen.
Alle Getreide
wie Weizen, Roggen, Gerste, Hafer, Mais oder Reis gehören dazu – und sind die Basis für die Ernährung der Weltbevölkerung

Der Pollen des Gewöhnlichen Knäuelgrases verursacht sommers häufig Heuschnupfen

Nun, es fängt schon unter der Erde an. Keine anderen Pflanzen haben so viele und so dicht miteinander verwobene Wurzeln wie die Gräser.

Wie ein engmaschiges Netz durchziehen sie tausendfach verästelt den Untergrund und ermöglichen es so, auch in lockeren Böden wie Sand Halt zu finden. Ein Kunststück, das nicht zuletzt dem jeweiligen Gelände zugutekommt: Erst durch Grasbewuchs sind viele Böden vor Erosion geschützt, bleibt das Erdreich fest.

Und wie rasch und in welchen Mengen solch ein Wurzelwerk Feuchtigkeit und Nährstoffe aufnehmen kann! Einer der Gründe, weshalb Gräser selbst in solchen Regionen erfolgreich sind, wo es für andere Gewächse längst zu karg ist – im ➻

Von der Vielfalt der Halme

Ihr Aufbau ist stets gleich, doch jede Spezies besticht durch besondere Anpassungen

1 u. 2: Echter Hafer, 3: Kurzer Hafer, 4 u. 5: Gewöhnlicher Glatthafer, 6 u. 7: Wiesen-Fuchsschwanz, 8 u. 9: Gewöhnliches Knäuelgras, 10 u. 11: Wiesen-Kammgras, 12–16: Wiesen-Lieschgras, 17–20: Sand-Lieschgras, 21–23: Rohr-Schlingel, 24–27: Mittleres Zittergras, 28: Kanariengras

Grüne Kraftwerke: Fast alle oberirdischen Teile der Graspflanze fangen Sonnenlicht ein und bauen mit dessen Hilfe Biomasse auf – landet die in einem hungrigen Maul, schiebt die Pflanze von unten einfach neue nach

Das Blatt mag dem Gewicht einer Schnecke nachgeben – nicht aber der Halm, den robuste Fasern durchziehen

Typisch Moor: in Horsten stehende Sauergrasgewächse mit oft dreikantigen, massiven Stängeln

Ob Pampas- (u. l.) oder Pfeifengräser (u. r.): Viele Arten kommen mit einer Vielzahl von Umgebungen und Klimazonen zurecht – selbst in der Kargheit von Hochgebirgen oder Wüsten können sich etliche ansiedeln

Rund
12 000
Süßgräser sind weltweit beschrieben

Hochgebirge oder in Halbwüsten –, weil das dortige Klima nur kurze Zeit zum Wachsen und Vermehren lässt.

Apropos: Auch daran, an der Ausbreitung, hat die Graswurzel entscheidenden Anteil. Sie bildet Ausläufer direkt an der Oberfläche oder knapp darunter – und schafft dadurch Ableger. Manche so beharrlich, dass sie sich noch nicht einmal von Hindernissen aufhalten lassen. So wachsen die Ausläufer der Gemeinen Quecke zur Not einfach durch Kartoffeln hindurch, die ihnen den Weg versperren. Hauptsache, ein weiterer Halm kommt zum Vorschein.

Robust und doch flexibel

Einmal ans Tageslicht gelangt, beteiligen sich praktisch alle oberirdischen Teile der Graspflanze an der Fotosynthese, perfekter kann man die Energie der Sonne nicht nutzen! Und was geschieht nach einem Unwetter, wenn Regen und Sturm die Spezialisten platt gedrückt haben? Richten sich viele von ihnen kurze Zeit später einfach wieder auf! Das ist möglich, weil ihre Halme aus Abschnitten bestehen, die durch flexible Verdickungen – die Knoten – miteinander verbunden sind.

Ja, so robust ist ein Grashalm konstruiert, dass er als Vorbild für ➻

MENSCHHEITSGESCHICHTE

Vom Jäger zum Bäcker

Erst durch die Kultivierung von Graspflanzen konnten Menschen sesshaft werden und Zivilisationen gründen

Getreide: unsere wichtigste Nahrungsquelle

Irgendwann kamen Menschen darauf, die Frucht der Gräser zu probieren: das Korn, das Reservesubstanzen für den Pflanzennachwuchs bereithält und entsprechend nahrhaft ist. Das Eiweiß, die Stärke, die Vitamine machten satt und kräftigten ihre Körper. Daraufhin suchten sie bevorzugt Gräser mit **großen Körnern,** trafen also bereits eine Auslese. Auch kamen sie auf die Idee, die Körner zu zerquetschen und den teigigen **Brei** in heißer Asche oder auf heißen Steinen zu backen. Dabei fielen vermutlich immer wieder Körner zu Boden und ließen Pflänzchen sprießen, die genau so aussahen wie jene, deren Körner die Menschen geerntet hatten. So lernten sie, dass man die Gräser gezielt anbauen kann. Zunächst wählten sie sogenannte Breipflanzen wie **Hirse, Reis, Mais und Hafer.** Später kamen dann die Brotpflanzen **Roggen, Weizen und Gerste** dazu – es waren die Urformen unserer heutigen Getreidesorten, die durch immer gezieltere Auslese eine immer größere Ernte einbrachten. Mit dem Getreideanbau wurden aus den herumstreifenden Sammlern und Jägern seßhafte Ackerbauern. Und die Gräser, die mehr Nährstoffe als alle anderen Pflanzen enthalten, wurden zur wichtigsten Nahrungsquelle des Menschen.

1. Winterweizen *Triticum aestivum L.*, **2. Weichweizen** *Triticum aestivum*, **3. Roggen** *Secale cereale*, **4. Hafer** *Avena*, **5. Dinkel** *Triticum spelta*, **6. Sommer-Wildgerste** *Hordeum vulgare*, **7. Machaweizen** *Triticum aestivum*

Verräterischer Name Das Wort Gras geht wahrscheinlich auf eine alte indoeuropäische Silbe **gher-* zurück, deren Bedeutung „wachsen" sich heute noch im englischen *grow* wiederfindet.

Mehrjährige Spezialisten Die Individuen einer Generation ausdauernder Arten können bis zu 400 Jahre alt werden, so zum Beispiel der Rot-Schwingel, der in ganz Europa verbreitet ist.

den Bau von Hochhäusern aus Beton und Stahl diente: Eingezogene Eisenruten machen den Beton stabil und elastisch zugleich. Ganz ähnlich führen durch die dünnen Wände eines Grashalms stabilisierende Leitbündel. Sie bilden einen hohlen, langgezogenen Zylinder, der durch festigende Verstärkungen in den Knoten unterbrochen wird. Aus den Knoten wachsen die Blätter heraus, und zwar abwechselnd erst an der einen Seite des Halms, dann an der anderen. So kann er stets das Gleichgewicht halten. Nur der obere Teil des Blatts ist flach, der untere umschließt den Halm wie eine Röhre und verleiht zusätzlichen Halt.

Schwebender Nachwuchs

Die Halmspitze trägt die Grasblüten – die wohl unprätentiösesten Geschlechtsorgane im gesamten Florenreich. Wozu auch prahlen und buhlen? Schließlich lassen sich Gräser vom Wind bestäuben, benötigen also keine auffälligen Lockmittel für Insekten. In Ähren, Rispen oder verzweigten Blütenständen zusammengefasst öffnen sich die unscheinbaren Gebilde meist nur in den Morgenstunden.

Der Pollen, den sie freigeben, weht in zahlloser Menge durch die Luft. Er ist es, der Weiden so unverwechselbar nach Weiden duften lässt. Auch den Samen trägt der Wind davon. Ein einziges Exemplar des Windhalms vermag 12 000 keimfähige Samenkörner zu produzieren. Manche schweben noch in 1500 Meter Höhe herum. Kein Wunder, dass Gräser die am weitesten verbreiteten Pflanzen sind.

Einem Flickenteppich gleich legt sich das Grasland über mehr als ein Drittel der Landoberfläche. Ein Regenguss genügt, schon ist sogar aus dem Weltall sichtbar, wie sich ockerfarbene Ödnis schlagartig in sattes Grün verwandelt. Selbst Brände oder gefräßige Kauapparate können den Wuchs nicht aufhalten: Die Wachstumszonen der Gräser sind geschützt, weil sie nahe der Erdoberfläche liegen und nicht an der Spitze des Halms (noch so eine Besonderheit!). So können sie von unten rasch Biomasse nachschieben. Und auf diese Weise zahllose hungrige Mäuler stopfen. Ohne Gras keine Herden pflanzenfressender Gnus, Bisons, Pferde oder Rinder.

Milliarden Tiere schon hat das Gras groß und stark gemacht. Ein Kraftspender und unterschätzter Gigant für das Leben auf der Erde. Zweifellos gibt es fesselndere Anblicke als die Eintönigkeit einer Graslandschaft, die hinter dem Horizont als die Wiederholung des Immergleichen von Neuem beginnt. Die dem flüchtigen Blick wie ein Nichts erscheint. Aber genau das ist das Spektakuläre an ihr.

Da im Grasland ein großer Teil der oberirdischen Biomasse im Herbst abstirbt, werden die gebundene Energie und Minerale so schnell wieder abgebaut wie in keinem anderen Ökosystem – so sind Grasböden oft sehr fruchtbar

Aufbau eines Sauergrases

Einfach genial: die unteren Teile stabilisieren die oberen – und wachsen nach

Grünes Kraftfutter 60 Millionen Bisons grasten einst in der nordamerikanischen Prärie – auf rund 900 Kilogramm und mehr kann es ein Bulle nur mit dieser Ernährung bringen.

Riesenwuchs Etliche Süßgräser werden nur wenige Zentimeter groß, manche haben verholzte Halme und erreichen Wuchshöhen von bis zu 40 Metern und mehr – so etwa der Riesenbambus.

GEO
Warum ich bin, wie ich bin.
Die Vielschichtigkeit des Menschen verstehen.
GEO WISSEN
Warum wir andere Menschen brauchen
Freunde
Familie
Partner
Alle drei Monate neu: geo-wissen.de/magazin

Wenn die Sonne untergeht, verändern sich die Farben und mit ihnen unsere Wahrnehmung: Automatisch hören wir mehr

Eine Nacht im *Wald*

Tags spendet er Ruhe, Kraft, Geborgenheit. Doch wie fühlt sich der Wald in dunkler Nacht an? Warum nicht einmal seinen Rucksack packen und es ausprobieren?

Text: Peter Wohlleben

Das Kopfkino läuft auf Hochtouren, denn wenn man nichts sieht, malt man sich in Gedanken alle möglichen Gefahren aus

Rare Begegnung Geht der Tag, kriecht der Rotfuchs aus seinem meist unterirdischen Bau hervor und geht auf Beutejagd. Wie er sind viele Waldtiere in der Dämmerung aktiv

Ein einsamer Schrei hallt durch das Dunkel. Was war das? Und dieses leise Knacken von Zweigen, das langsam immer näher kommt? Stammt es von einem großen Tier, das sich vorsichtig heranschleicht?

Unheimliche Geräusche scheinen unabdingbare Begleiter einer Nacht unter freiem Himmel mitten im Wald zu sein. Doch die Realität sieht meist ganz anders aus: Nachts ist es im Wald oft erstaunlich leise. Der Wind, der tagsüber noch durch die Krone rauschte, schläft nun langsam ein, und auch viele Tiere gehen jetzt zur Ruhe. Andere, wie Reh, Fuchs oder Wildschwein, sind zwar auch im Dunkeln unterwegs, aber sie meiden uns Menschen. Schließlich könnten wir Jägerinnen und Jäger sein; weshalb sollten sie also unsere Nähe suchen?

Immerhin ruft wenigstens ein einsames Käuzchen, nachdem der Vogelgesang der Dämmerung endgültig erstorben ist.

Eine Nacht im Wald ist vor allem eines: ruhig. Trotzdem läuft zumindest anfangs unser Kopfkino auf Hochtouren, denn wenn man nichts sieht, malt man sich in Gedanken alle möglichen Gefahren aus. Doch wenn Sie sich darauf einlassen möchten, kann die Nacht auch sehr erholsam sein, vorausgesetzt, Sie beachten ein paar Grundregeln.

Füchse riechen
400
-mal sensibler als Menschen

Was ist erlaubt?

Zunächst gilt es zu klären, ob Ihr Abenteuer überhaupt legal ist. Wer möchte schon nachts in den Schein einer Taschenlampe blicken und aufgefordert werden, das Camp abzubrechen? Selbst wenn das nicht passiert, reicht allein schon der Gedanke daran, dass dies jederzeit passieren könnte.

Viel unangenehmer und häufiger als Tiere sind nämlich menschliche Zeitgenossen. Sie treten oft in Form erboster Jägerinnen und Jäger auf, die barsch ein Ende der Aktion verlangen. Wenn Sie vorher nachgefragt und eine Erlaubnis ➻

König der Nacht Dem Uhu, der weltgrößten Eule, entgeht selbst in schwarzer Nacht nahezu nichts. Seine lichtempfindlichen Augen ermöglichen ihm bei Dunkelheit gute Sicht

bekommen haben, ist das höchstens ein bisschen ärgerlich, zumal viele Grünröcke ihre (meist nicht vorhandenen) rechtlichen Kompetenzen überschreiten. Aber solche Begegnungen sind eher die Ausnahme.

Mit oder ohne Zelt?

Das freie Betretungsrecht gestattet immerhin das ***Wandern und Rasten*** zu jeder Tages- und Nachtzeit, egal ob im öffentlichen oder privaten Wald, aber dort zu übernachten ist eine andere Sache. Um es kurz zu machen: Ob dies zulässig ist, kann so genau niemand sagen, denn es handelt sich um eine juristische Grauzone. Das gilt zumindest für das Schlafen ohne Zelt. Mit Letzterem sieht die Sache klarer aus (es ist in den meisten Bundesländern verboten), das sollten Sie demnach nicht ohne Erlaubnis tun.

Soll es also mit Zelt sein (oder möchten Sie aus einer grauen eine weiße Zone machen), dann können Sie an verschiedenen Stellen in Deutschland vorbereitete Angebote ausprobieren. Neben kompletten Touren, wie etwa denen unserer Waldakademie, gibt es zum Beispiel Übernachtungsplätze mitten im Wald, die von den Forstverwaltungen der Länder angeboten werden. Dort meldet man sich an, zahlt eine geringe Gebühr und erhält GPS-Koordinaten des Abenteuer-Zeltplatzes.

Bis zu

170

Zentimeter Spannweite hat der Uhu

Außer einer festen Feuerstelle, einem Plumpsklo und manchmal einer Getränkekiste, zahlbar auf Vertrauensbasis nach Verbrauch, weist kaum etwas auf Zivilisation hin. Es sei denn zufälligerweise hat noch jemand anderes diesen Platz gebucht, sodass Sie etwas Gesellschaft haben. Wilder Wald ohne solche Errungenschaften ist ansonsten entweder nur ohne Zelt zu genießen oder aber mit Einzelerlaubnis der Waldbesitzenden.

Die Entscheidung, ob es mit oder ohne Zelt sein soll, hat aber noch ganz andere Auswirkungen. Ich rate von einem Zelt ab, denn dessen Wände verhindern das ➺

Nachts ist es im Wald oft erstaunlich leise. Der Wind schläft langsam ein, und auch viele Tiere gehen jetzt zur Ruhe

Ich rate von einem Zelt ab, denn dessen Wände verhindern das unmittelbare Gefühl von Natur

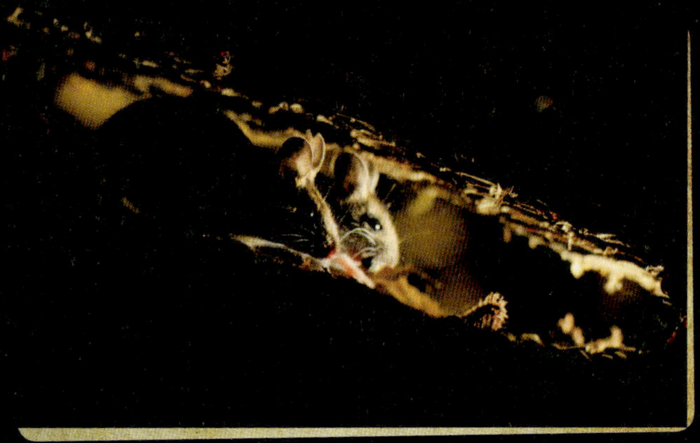

Im Kleinen Die Nacht schärft die Sinne, lenkt den Blick auch auf die kleinen Wunder und Bewohner des Waldes: Zapfen, Pilze und Haselmäuse etwa

Feuer und Flamme So gemütlich es auch sein mag – ein Lagerfeuer ist im Wald nur an ausgewiesenen und gesicherten Stellen gestattet

unmittelbare Gefühl von Natur. Trotzdem ist natürlich besser, eine Nacht im Wald *mit Zelt* zu verbringen als gar keine Nacht im Wald.

Im Zelt stellt sich die Frage nach einer Isomatte nicht. Wenn schon, dann würde ich das volle Wohlfühlpaket mitnehmen. Unter freiem Himmel haben Sie eine weitere Alternative. Denn statt der dünnen Kunststoffmatratze könnten Sie Ihr Waldbett auch mit frischen Zweigen, etwa von einer umgestürzten Fichte, herrichten. Darauf schläft man erstaunlich gut, und es gibt einen weiteren Effekt: Im Schlaf formt sich eine leichte Mulde, die verhindert, dass Sie langsam herunterrutschen. Gerade mit Isomatten passiert das sehr schnell, da das Gelände selten vollständig eben ist.

Ohne Zelt haben Sie kein Dach über dem Kopf, was bei einem nächtlichen Regenschauer sehr unangenehm werden kann. Abhilfe schaffen Fichten, unter deren Krone Regengüsse bis zehn Liter pro Quadratmeter gut abgehalten werden. Dazu müssen Sie sich nur dicht genug an den Stamm legen.

Soll es doch mit künstlichem Dach sein, können Sie auch ein Tarp aufspannen – dann entfällt die Sorge, bei einem Schauer doch nass zu werden, und Sie sind seitlich trotzdem nicht abgeschirmt.

Ein Lager für die Nacht

Bei der Auswahl des Schlafplatzes gibt es weitere Kriterien, die das Erlebnis verbessern können. Wie wäre es mit einem kleinen Bach in der Nähe? Er eignet sich nicht nur für die Katzenwäsche, sondern auch zum Löschen eines Lagerfeuers. Legen Sie sich aber nicht zu dicht neben das Gewässer: Sie hören »→

Tipps für die Nacht im Wald

Woran Nachtwanderer denken, was sie mitnehmen, was sie beachten sollten: Hinweise für herrliche Stunden unter Blättern und Sternen

So spannt man ein Tarp: Plane vorn mittig über einen Stock abspannen, Ecken mit Heringen oder Steinen auf dem Boden befestigen

1. Zeitpunkt finden: Der nächtliche Wald reizt zu jeder Jahreszeit. Sommernächte sind kürzer und heller, weil die Sonne flach unter dem Horizont steht. Winternächte sind kälter, aber auch klarer.
2. Ort ausmachen: Wer das Nachtwandern ausprobieren möchte, sollte in der vertrauten Umgebung starten. Das erleichtert die Orientierung bei Dunkelheit.
3. Ausrüstung packen: Isomatte, etwas zu essen und zu trinken, dunkle, warme Kleidung, am besten keine Funktionsklamotten (die rascheln), Taschen- oder Stirnlampe.
4. Schlaf-, Ruheplatz suchen: Besonders geeignet sind schall- und windgeschützte Täler oder Niederungen.

Auf Streife Der Dachs kommt in unseren Wäldern eher häufig vor. Viele haben ihn trotzdem noch nie gesehen – weil er nur nachts unterwegs und sehr scheu ist

Meine Tipps:

1.) Nehmen Sie Ihre Kleidung mit in den Schlafsack – dort bleibt sie trocken und warm.

2.) Gegen Bodenkälte schützt auch eine Schicht Fichtenzweige oder Reisig.

dann keine Tiergeräusche mehr. Und das laute Rauschen stört den Schlaf und regt womöglich die Blase an – sehr unangenehm, wenn man nachts um drei Uhr aus dem Schlafsack steigen muss.

Nächtliche Begegnungen

Günstig sind auch schallgeschützte Bachtäler mit steilen Hängen, in denen Sie quasi abtauchen. Sie dämpfen den Lärm der Zivilisation. Jeder Dorfhund, jeder Traktor ist in der relativ geräuscharmen Nacht ansonsten weit zu hören und erinnert ständig daran, dass es mit der Wildnis bei uns nicht ganz so weit her ist.

Zurück zur nächtlichen Natur: Gibt es wirklich niemals spannende Begegnungen? Zumindest in der weiteren Umgebung Ihres Lagers sind sicher Tiere unterwegs, doch gefährlich wird es dabei nicht. Rehe gehören zu den häufigsten großen Säugetieren, sodass die Wahrscheinlichkeit hoch ist, dass eines in der Nähe nach frischen Kräutern sucht. Bekommt es Witterung von Ihnen, sprich: riecht es einen Menschen, dann flüchtet es.

Oft warnt das Reh dabei Artgenossen mit einem Ruf, der an Hundegebell erinnert – und zwar recht laut. „Schrecken" nennt man das in der Fachsprache. Es zeigt an, dass das Tier sich mindestens genauso erschreckt wie Sie.

Im Herbst kann das Röhren von Hirschen hinzukommen, im Winter das heisere Bellen von Füchsen. Echte Nahbegegnungen gibt es nur, wenn Tiere keinen Wind (sprich Geruch) von Ihnen bekommen und gedankenverloren in der Nähe Ihres Schlafsacks herumstöbern. Bei unzähligen Waldübernachtungen ist mir das aber nur ein einziges Mal passiert, und zwar mit Wildschweinen. Ihr Grunzen näherte sich dem Lager bis auf etwa zwanzig Meter, doch dann bemerkten die Borstentiere meine Anwesenheit doch noch und gaben quiekend Fersengeld.

Eine Nacht im Wald ist also fast so sicher wie zu Hause im Bett, nur viel spannender – probieren Sie es doch mal aus!

Die schönsten Stunden Auf keinen Fall die magische Morgendämmerung im Wald verschlafen. Gegen vier erhellt die Dunkelheit und die Vögel setzen zu einem vielstimmigen Konzert an.

Schotterwege meiden Wer sich auf befestigten Pfaden durch den Wald bewegt, ist gerade in der Nacht weithin zu hören. Tiere gehen Waldbesuchern dann weithin aus dem Weg.

Nützliche Begleiter

Natürlich reichte auch eine Regenplane – doch diese praktischen Produkte machen eine Nacht im Wald gleich deutlich komfortabler und sicherer

(1) Der schlicht-schöne Wanderrucksack »Jura24« (Vaude, 100 Euro) verstaut locker (2) die Isomatte »Hike 9 M« (Vaude, 110 Euro). Oder (3) das Starterset (Bürstenhaus Redecker, etwa 5 Euro), mit dem ein Lagerfeuer im Nu zündet. (4) In der Gürteltasche (Hiziel, 25 Euro) ist Wichtiges gut verwahrt. (5) Anklippbare Reflektoren (Bookman, 7 Euro) lassen im Dunkeln funkeln. (6) Das Tarp (Hammocks, etwa 70 Euro) schützt vor Regen. (7) Die Stirnlampe »Penta« (Lupine, etwa 150 Euro) verschafft Durchblick. (8) Und die stilvolle Campingdecke (Voited, 115 Euro) kuschelige Stunden.

Der *Feind* in meinem Nest

Hübsch ist er, ohne Frage. Aber mindestens ebenso gewieft: Der Kuckuck spart sich die Kinderbetreuung und lässt seine Jungen einfach von anderen Eltern großziehen. Bei der Täuschung wendet er überraschende Tricks an

Text: Dela Kienle

Mehr als
40
Vogelarten in Europa bekommen Kuckuckseier untergeschoben

Das Kuckucksküken ist noch nicht flügge und doch schon überdimensional groß – zumindest im Vergleich zu den unfreiwilligen Leiheltern (hier ein Teichrohrsänger)

Ist der Kuckuck ein Unsympath, oder zeigt sich in ihm eine gewisse Genialität?

Regungslos sitzt sie auf der Lauer. Seit Tagen schon spioniert sie ihren Opfern hinterher. Zwei nichts ahnende Gartengrasmücken haben ihr Nest gebaut und erste Eier hineingelegt. Jetzt flattern die Singvögelchen kurz weg – und Frau Kuckuck schlägt zu! Sie zischt zum Nest, presst binnen Sekunden ein eigenes Ei heraus. Dann schnappt sie sich ein Grasmücken-Ei – und verschwindet. Verborgen im Unterholz genießt sie den geraubten Protein-Snack. Die beiden Grasmücken haben nichts bemerkt. Sie ahnen nicht, dass ein Kuckuck ihr Familienglück zerstört hat, noch bevor es richtig begonnen hat.

Superstar und Schmarotzer

„Er ist eine höchst problematische Natur", sinnierte bereits Goethe über den Kuckuck – und tatsächlich ruft der taubengroße Vogel gemischte Gefühle in uns Menschen hervor. Einerseits zählt er zu den Superstars unter den heimischen Vögeln. Schon Kindergartenkinder trällern fröhliche Lieder über ihn, und Spaziergänger lauschen verzückt, wenn irgendwann im April endlich wieder sein heller Ruf durch die Wälder schallt.

Doch der Kuckuck ist eben nicht nur Frühlingsbote, sondern auch ein dreister Schmarotzer: Statt selbst ein Nest zu bauen, zwingt er andere, seine gefräßigen Jungen großzuziehen. So bleibt dem Kuckuck mehr Zeit, um Nahrung für sich selbst zu suchen, sich auf das Zeugen von Nachkommen oder das Legen von mehr eigenen Eiern zu konzentrieren – und dadurch möglichst viel von seinem Erbgut in die nächste Generation einzubringen.

Macht das den Kuckuck zum Unsympathen? Oder zeigt es, wie genial manche Arten tricksen, um sich erfolgreich fortzupflanzen?

Wenn der Kuckuck im Frühling bei uns ankommt, hat er eine kräftezehrende Reise hinter sich: Sein Winterquartier liegt in Zentralafrika. Von dort muss er die Weiten der Sahara, das Mittelmeer und die Alpen überqueren – gut 7000 Kilometer, alles im Nachtflug. Im Brutgebiet bleiben dem Kuckuck nur etwa drei Monate, bevor er schon wieder seinen Rückweg antritt. Die Zeit drängt.

Kuckucksmännchen markieren ihr Revier, indem sie ausdauernd – fast selbstverliebt – ihren Namen rufen. So locken sie auch Weibchen an, zur kurzen Balz mit anschließendem Quickie. Kuckucke sind keine treuen Seelen, sondern kopulieren mit mehreren Partnern.

Doch das ist nur ein erster Schritt: Die Weibchen müssen auskundschaften, wo passende Wirtsfamilien brüten. Sie wählen ihre Opfer sorgfältig. Schließlich ist erblich festgelegt, ob ein Kuckucksweibchen mattweiße, grünlichblaue oder braun gesprenkelte Eier legt. Letztere würden perfekt in ein Grasmücken-Nest passen, aber im Gelege von Rotschwänzen sofort auffallen. Meist suchen ↠

Er ist groß wie eine Turteltaube, hat einen langen Schwanz, knatschgelbe Füße und gelb umrandete Augen

Das Kuckuckskind schlüpft früher als die anderen Jungen und drängt deren Eier aus dem Nest

Vorliebe Ein Kuckucksei landet vor allem im Nest von Kleinvögeln wie Teichrohrsänger, Garten- und Sperbergrasmücke, Rotkehlchen, Zaunkönig, Neuntöter oder Bachstelze.

Vorhersage Im Volksglauben schrieb man dem Kuckuck prophetische Kräfte zu: „Lieber Kuckuck, sag mir doch/wie viel Jahre leb ich noch?" Aussagekräftig war demnach die Anzahl der Rufe.

Der Kuckuck ist unbeliebt: Viele Vögel (hier ein Rotkehlchen) attackieren den Schmarotzer, sobald sie ihn erblicken

Ertappt

»Alle Vögel sind schon da« … das gilt nicht nur im Kinderlied, sondern häufig auch im Brutgebiet des Kuckucks. Seit eh und je kehrt der Langstreckenzieher im April aus Afrika zu uns zurück. Doch oft ist er damit zu spät dran: Viele Wirtsvögel beginnen inzwischen früher mit dem Brüten und lassen sich dann kein Ei mehr unterjubeln. Der Klimawandel bringt den fein aufeinander abgestimmten Zeitplan vieler Spezies durcheinander. Manche Arten erweisen sich als anpassungsfähig: Sie ziehen gar nicht mehr gen Süden oder verändern ihre Reiserouten. Doch der Kuckuck hat sein Verhalten bisher nicht geändert. Auch sein Lebensraum verschwindet vielerorts – bei uns ebenso wie in seinem afrikanischen Winterquartier. Inzwischen gilt der Schmarotzer deshalb als gefährdet.

Bis zu

30

Prozent der parasitierten Nester werden von den Wirtsvögeln aufgegeben

Im Flug ähnelt der Kuckuck einem Sperber. Allerdings sind seine Flügel spitzer, er fliegt meist niedriger und schlägt rascher mit den Flügeln

Um auch ja gut versorgt zu werden, piepst der kleine Kuckuck extraschnell

Kuckucke also nach der Vogelart, die sie selbst großgezogen hat: Sind Bachstelzen der eigenen Mutter auf den Leim gegangen, dann sollten sie auch auf die Tochter hereinfallen.

Misstrauen ist angesagt
Mehr als vierzig Vogelarten in Europa bekommen besonders häufig Kuckuckseier untergeschoben. Die meisten Vögel wehren sich, so gut sie können: Erspähen sie einen Kuckuck, attackieren sie ihn; kommt ihnen ein Ei verdächtig vor, werfen sie es aus dem Nest. Oft geben sie sogar ihr Gelege auf, wenn sie einmal misstrauisch geworden sind. Um die Aufzucht von zwei bis drei Jungen zu erschwindeln, muss die Kuckucksmutter zuvor bis zu 25 Eier in fremde Nester schmuggeln. Kein leichtes Unterfangen!

Das Gartengrasmücken-Pärchen jedoch hat keinen Verdacht geschöpft. Es hat abwechselnd und sorgfältig seine Eier bebrütet, und nach zwölf Tagen knackt die erste Schale im Nest. Ein nackter, rötlicher Winzling kommt zum Vorschein: das Kuckuckskind. Es ist kein Zufall, dass es meist besonders früh schlüpft: Seine Mutter hatte das Ei bereits im eigenen Körper angebrütet und mit halb entwickeltem Embryo ins fremde Nest gelegt. Kuckucke müssen eben Tempo machen.

Auch der Winzling hat es eilig: Er muss künftige Geschwisterchen loswerden, koste es, was es wolle. Schon wenige Stunden nach dem Schlüpfen stemmt er sich mit seinen Füßchen gegen die Nestwand. Mühsam schiebt er das erste Ei auf seinen Rücken, versucht wieder und wieder, es über den Rand zu rollen. Ist das geschafft, macht der Kleine sich schnell ans nächste.

Nach vollendeter Tat hockt der Mini-Kuckuck allein im Nest, sperrt seinen grellrot-orangenen Schnabel auf – und bettelt. Diesem Schlüsselreiz können die armen Grasmücken nicht widerstehen: Unermüdlich flattern die Zieheltern um ihr immer fetter werdendes Riesenbaby. Larven, Käferchen, Spinnen: Die Nahrung, die im Kuckucksschnabel verschwindet, hätte für vier bis sechs eigene Grasmücken-Jungen gereicht. Damit die braven Insektenlieferanten nicht nachlassen, vervielfacht der Kuckuck seine Piepfrequenz: Er gaukelt den Grasmücken ein volles Nest vor, obwohl er sich allein den Bauch vollschlägt.

Nach rund zwanzig Tagen wird das Kuckucksjunge endlich flügge. Es wiegt dann ein Vielfaches seiner zierlichen Zieheltern – und erbettelt sich trotzdem noch tagelang weitere Nahrung. Aber irgendwann ist es genug: Der Kuckuck flattert los Richtung Zentralafrika – und lässt seine erschöpften Wirte zurück. Manche Vogelpaare rappeln sich auf und beginnen, ein zweites Mal das Nest herzurichten, Eier zu legen, zu brüten ...

Und wenn sie könnten, würden sie wohl nicht zwitschern, sondern fluchen: Zum Kuckuck mit dem Kuckuck!

Andere Schmarotzer

Nicht nur unser Kuckuck, der Cuculus canorus, *lässt seinen Nachwuchs von anderen Arten aufziehen*

Kuckucksente

Kuckuckswels

Afrikanerkuckuck

Weltweit verweigern sich rund *fünfzig* weitere Kuckucksarten der Brutpflege – und viele andere Tiere tun es ihnen gleich. Die dreisten Kuckucksenten zum Beispiel schmuggeln oft sogar mehrere Eier ins Nest ihrer Wirte. Besonders viele *Brutschmarotzer* gibt es unter den Wildbienen: Etwa jede dritte Art in Deutschland legt die Eier in fremde *Brutzellen*, die oft bereits mit Vorräten bestückt sind. Selbst manche Fische müssen mit Betrügern rechnen: Der Kuckuckswels im afrikanischen Tanganjikasee etwa vermischt seine Eier blitzschnell mit dem frisch gelegten *Laich* von Buntbarschen. Das Buntbarschweibchen nimmt so auch fremde Eier mit ihrem Maul auf – und brütet sie dort aus, um sie vor Gefahren zu schützen. Die *Larven* des Kuckuckswelses jedoch schlüpfen im Maul schneller. Und vernaschen die Eier ihrer Stiefgeschwisterchen.

Irrglaube Früher dachten Menschen, der Kuckuck verwandle sich sommers in einen Sperber. Dies erklärte das Verschwinden des Kuckucks, als man noch nichts vom Vogelzug wusste.

Inspiration Das Tonintervall des Kuckuck-Rufs entspricht meist einer kleinen Terz oder Quart. Viele Komponisten haben den Ruf in ihre Stücke aufgenommen (darunter Vivaldi, Mozart, Beethoven).

Warum ist der *Rotfuchs* ein Superstar?

Text und Illustration: Rainer Harf

Er ist weiter verbreitet als die meisten anderen Tiere, streift durch Wälder, Wiesen, Sümpfe und Wüsten, lebt in Europa, Asien, Amerika, Australien. Und das Geheimnis seines Erfolgs ist durchaus verblüffend

Supersinne: Er kann seine Ohren in fast alle Richtungen drehen und etwa 400-mal besser riechen als wir

Füchse verfügen über ein großes Repertoire an Lauten: Sie bellen und keckern, winseln und jammern

In freier Wildbahn werden Füchse oft nicht älter als vier Jahre. Ausgewachsene Tiere wiegen rund sechs Kilo

Er wirkt oft ein wenig schmächtig, verhuscht. Gilt in vielen Märchen als feige, falsch, verschlagen. Doch in der Natur ist er eigentlich eine Art Superstar: Unter sämtlichen wild lebenden Beutegreifern – dazu gehören etwa Löwen und Wölfe, Grizzlybären, Baummarder oder Streifenhyänen – hat der Rotfuchs das weiteste Verbreitungsgebiet überhaupt.

Füchse tapsen über Schneewehen in Nordnorwegen, schleichen durch Wälder in Portugal, Virginia und Indien, lauern in der sandigen Steppe des Oman und schlagen sich durch London, New York und Hongkong. Im 19. Jahrhundert brachten Engländer einige Tiere nach Australien – zwecks Fuchsjagd. Schnell breiteten sich die roten Räuber auf dem Südkontinent aus und sind dort heute fast überall zu finden.

Sollte man eine Eigenschaft benennen, an der sich das Erfolgsgeheimnis des Rotfuchses festmachen lässt, so ist dies ganz klar: seine Anspruchslosigkeit. Während viele andere Tiere ganz spezielle Lebensbedingungen brauchen (eine bestimmte Nahrung, ein bestimmtes Klima) ist *Vulpes vulpes* ein Generalist par excellence. Er kommt mit Kälte ebenso klar wie mit Sommerhitze, und er frisst fast alles, was Energie liefert, kann flexibel auf das reagieren, was die jeweilige Region und Saison bietet: Mäuse, Kaninchen, Vögel? Regenwürmer, Käfer, Schnecken? Kirschen, Mirabellen, Zwetschgen? Oder auch Aas?

Obendrein: Reineke kommt mit uns Menschen klar, ist ein Kulturfolger. Und genießt zunehmend die Annehmlichkeiten vieler Städte, wo er Komposthaufen und Mülltonnen nach Küchenabfällen durchflöht. Für die Aufzucht seiner Jungen reicht ihm zuweilen ein trockengefallenes Wasserrohr. Und mehr und mehr Stadtfüchse verlieren ihre Scheu. Immer häufiger erblickt man den unscheinbaren Superstar tagsüber, wie er an einer Häuserzeile entlangtapert. ●

Wohllebens
Nachhaltigkeits-Tipps

LASS DIE NATUR IN DEIN LEBEN

ÖKOBILANZ

SELBERMACHEN

AUSPROBIEREN

SELBSTVERSORGER

Saatgut ziehen zum Erhalt der Artenvielfalt, auf einem SUP-Board den Müll aus heimischen Gewässern fischen, Schmetterlinge für die Forschung zählen oder Wölfe schützen: Es gibt eine Menge Möglichkeiten, der Natur zu helfen – ein paar von ihnen stellen wir auf den folgenden Seiten vor

Draußen sein, den **Pflanzen im Garten** beim Wachsen zuzuschauen erfüllt mich jedes Jahr mit Freude

Die Arbeit im Garten gehört laut Umfragen zu den Lieblingsbeschäftigungen der Deutschen

DAS GLÜCK DER ERNTE

KLEINGÄRTNERN AUF GROßEN ÄCKERN

Lust auf Gärtnern ohne eigenen Garten? Immer mehr Bauern bieten Lösungen an

Schrebergärten mag nicht jeder. Aber wie wäre es mit einem grünen Flecken Erde, der wie ein Feld nach dem Sommer wieder gepflügt wird? Der sich in die Landschaft einpasst, als kleines Schlaraffenland, in dem Menschen Gemüse ernten – und Insekten Nahrung finden?

Tatsächlich gibt es inzwischen viele Anbieter in Deutschland, die genau das möglich machen: Bauern zerlegen einen ihrer Äcker in kleine Parzellen von wenigen Dutzend Quadratmetern, die jedefrau, jedermann mieten kann – ob mit oder ohne Vorkenntnisse in der Gemüsezucht. Manche Landwirte überlassen den Teilzeitgärtnern den blanken Boden, sodass sie selbst säen und pflanzen können. Andere Bauern übernehmen die Aussaat, dann darf „nur" gepflegt und geerntet werden.

Das Ganze eignet sich für Landlustige ohne eigenen Grund und Boden und wird überall in Deutschland, oft nahe größerer Städte angeboten. Die Saison dauert ungefähr von April bis Oktober. Wie oft man seine Parzelle besucht, bleibt jedem selbst überlassen. Kosten: unterschiedlich, je nach Anbieter. Die meisten haben aber auch Geräte und Infos parat. Große Anbieter mit vielen Standorten sind *ackerhelden.de, meine-ernte.de* und *unserland.info.* Aber auch viele einzelne Höfe bieten das Konzept an.

Wer eine Parzelle mietet, kann oft Gemüse aller Art anpflanzen – meist von April bis Oktober

Fette Ernte: Auf mancher Ackerparzelle gedeihen zentnerweise Früchte

SAATGUT FÜR DIE ZUKUNFT

So kann jeder und jede von uns den Erhalt der umfangreichen Sorten- und Artenvielfalt fördern

Auf Spitzbergen in der Arktis steht der weltgrößte ***Saatgut-Tresor.*** Darin: Saatgut vom gesamten Planeten, zur Erhaltung der Artenvielfalt. Dazu kann auch unsereins beitragen – indem wir ***Saatgut-Bibliotheken*** nutzen. Tatsächlich stellen hierzulande bereits einige Leihbüchereien Tütchen mit Blumen-, Obst-und Gemüsesamen bereit, die jeder und jede mitnehmen, zu Hause einpflanzen, hegen und pflegen kann – bis die Pflanzen eigene Saat entwickeln. Die kommt wieder in die Tüte – und zurück in die Bibliothek für die nächsten ***ewigen Gärtner.*** Auch Samen eigener – unbehandelter – Pflanzen dürfen vielerorts mitgebracht werden. Wichtig nur: Die Saat muss trocken sein und samenfest, darf also nicht von Hybriden stammen. Es gilt das ***Reinheitsgebot!***

Wer? Gern Gärtnerinnen und -gärtner ***Wo?*** Saatgut-Bibliotheken gibt es bislang vor allem in kleineren Städten, aber auch zum Beispiel in Hamburg, Bremen, Dresden, Düsseldorf. Durch Schleswig-Holstein rollen gar Fahrbüchereien mit Saatgut an Bord: ***mobilesaatgutbibliothek-sh.de*** ***Wann?*** Aussaat- und Erntezeit hängen von den jeweiligen Pflanzen und dem lokalen Angebot ab.

BUCHTIPP

»Samenwunder« (Kosmos) Pflanzen aus Samen zu ziehen ist kein Hexenwerk! Viele Tipps und Tricks

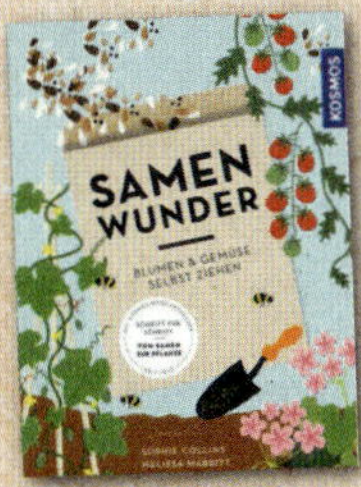

Rund

600

Kilo Müll pro Jahr: So viel produziert jeder von uns

GUTE SACHE

Weg mit dem Müll

Mit Clean-ups gemeinsam die Umwelt sauberer machen

Rechnete man die 600 Kilo Müll, die wir Deutschen pro Kopf und Jahr hinterlassen, in leere Bierdosen um, käme man auf rund 37 500 Büchsen pro Person. Viel zu viel von diesem Dreck landet in Wäldern, Flüssen, Seen. Nur gut, dass Naturschutzinitiativen in vielen Gemeinden „Clean-ups" organisieren, Müllsammelaktionen. Eine Übersicht, wer sich von A wie Amberg bis W wie Weilerswist engagiert, bietet das Cleanup Network auf seiner Website. Viele Initiativen organisieren zudem Großreinemachen auf dem Wasser, mit Kajaks oder SUP-Boards. Das Cleanup Network, *cleanupnetwork.com,* listet Initiativen auf. Auf Meeren, Flüssen, Seen sind auch *river-cleanup.org, gewaesser-retter.de* und *rhinecleanup.org* unterwegs. Die dänische Umwelt-NGO „Green Kayak" verleiht Boote in Berlin und Hamburg gratis, wenn Paddler unterwegs Müll keschern: *greenkayak.org.*

MAL AUSPROBIEREN: ABENTEUER TIERSCHUTZ

AUF REISEN GUTES TUN

Wer der Natur helfen möchte, kann seinen Urlaub mit sinnvollem Engagement im Tierschutz kombinieren

Die Jugend hat viele Vorteile, einer davon: beim ***„Bundesfreiwilligendienst im Naturschutz“*** oder beim „naturweit“-Programm von Unesco und Auswärtigem Amt teilnehmen und sich als ***Rangerin*** oder ***Wildhüter*** ausprobieren zu können (bis 26 Jahre). Schließlich ist es später, mit festem Job und einer begrenzten Anzahl Urlaubstage, schwieriger, für ein paar Monate zu verschwinden.
Die gute Nachricht: Anbieter wie ***Biosphere Expeditions*** haben auch für ebenjene was im Programm. Die Formel lautet: Urlaub + Abenteuer + Tierschutz = Win-win-win. Reisende helfen etwa dabei, Oryxantilopen in der Wüste, Schneeleoparden in Kirgistan oder Wölfe in Deutschland zu schützen.

Derartige Programme sind optimal geeignet für aktive Menschen, die ihren ***Urlaub*** nutzen wollen, um Gutes zu tun. Rund um das Jahr gibt es weltweit Möglichkeiten, sich auf diese Weise für den Naturschutz zu engagieren.
Die Kosten variieren je nach Destination. Oft muss man die Reisekosten mindestens in Teilen selbst tragen – und die sind in der Regel vierstellig.

Infos: **Die geplanten Touren von Biosphere Expeditions in 2022 findet man unter *biosphere-expeditions.org*. Ebenfalls von Interesse sind die Websites *freiwilligenarbeit.de* oder *greenvolunteers.com***

Fazit: **Natürlich profitieren Natur und Tiere – das ist selbstverständlich. Aber auch man selbst erlebt die Wildnis auf eine andere Art. Und hat dabei berechtigterweise das Gefühl, etwas wirklich Sinnvolles zu tun.**

TAGFALTER ZÄHLEN

So kann man beim Wiesenstreunen gleich noch die Forschung unterstützen

Seit mehr als 200 Millionen Jahren starten und landen Schmetterlinge auf der Erde. Das lassen fossilisierte Flügelreste aus der späten Trias und dem frühen Jura vermuten. Aber wie ist es um die Faltervielfalt heutzutage bestellt? »In den Alpen bekommen wir endlich einen besseren Überblick«, sagt Johannes Rüdisser von der Universität Innsbruck. Vor gut vier Jahren hat der Landschaftsökologe das ***Projekt »Viel-Falter«*** initiiert. An mehr als 200 Standorten in Tirol und Vorarlberg erheben Expertinnen und Experten zusammen mit eigens geschulten Laien, welche Arten auf den verschiedenen Wiesentypen vorkommen. Und in Deutschland? Da wiederum arbeitet das Helmholtz-Zentrum für Umweltforschung (UFZ) mit Freiwilligen fürs Falterzählen zusammen.

Infos: **Auf *viel-falter.at* kann man sich nicht nur anmelden, sondern auch einen Online-Kurs absolvieren und gesammeltes Wissen in einem Bestimmungsspiel testen. Auf *ufz.de/tag falter-monitoring* findet sich alles über das Monitoring in Deutschland.**

Große Vielfalt: Allein in Deutschland flattern mehr als 3500 Schmetterlingsarten umher

Das brauchen Sie für circa 200 g Creme:

- 85 ml fertiges Auszugsöl,
- 85 ml Tee aus Holunder- und Rosenblüten,
- 30 g Lanolinanhydrid
- 10 g Bienenwachs,
- evtl. einige Tropfen ätherische Öle nach Wahl
- Topf oder feuerfeste Schale, Stövchen, Teelicht, Rührstab, Löffel und Teesieb

So gehts!

HOLUNDER-ROSEN-CREME

So gelingt eine wunderbar duftenden Creme

Als **GRUNDLAGE** benötigen Sie ein selbst angesetztes Auszugsöl. Dafür legen Sie grob zerkleinerte Holunder- und Rosenblüten zwei bis drei Wochen an einem warmen Ort in **Olivenöl** ein. Dann durch ein Teesieb filtern, in eine feuerfeste Schale auf dem Stövchen gießen, das Lanolin und anschließend Bienenwachs hinzugeben. Zünden Sie das Teelicht an und erwärmen das Gemisch unter stetigem Rühren, bis alle Zutaten geschmolzen sind. Nun geben Sie tropfenweise unter stetigem Rühren den abgeseihten **Kräutertee** hinzu. Rühren Sie die Creme weiter, bis sie abgekühlt ist. Sie bekommt eine cremige Konsistenz und wird milchig. Um die **Haltbarkeit** zu verbessern, können Sie drei Tropfen eines ätherischen Öls Ihrer Wahl zugeben. Erkaltete Creme in eine leere, **sterile Cremedose** einfüllen. Deckel fest zuschrauben, etikettieren und im Kühlschrank aufbewahren.

Auch bei Kosmetik kann man auf die wunderbare Kraft der Natur setzen

Gute Idee: Die **Upcyclingseife Nicama** wird unter anderem aus Orangenschalen gewonnen, die bei der Saftpressung anfallen

Die Deocreme **Sweet Serenity** enthält hundert Prozent natürliche Ingredienzien: Rosenöl, Honig und milde Kräuter

Es ist immer toll, mit Kindern in die Natur zu gehen und ihnen spielerisch Zusammenhänge zu erklären

KLEINER QUIZ-SPASS

Wer weiß denn so was? Fünf nicht ganz so kinderleichte Fragen. Und fünf Antworten, die viele Kinder verblüffen

1) WO WACHSEN DIE KLEINSTEN BÄUME

A) Im Regenwald
B) In Deutschland
C) In Lappland

ANTWORT: In Lappland. Dort sind die Winter so lang, dass die Bäume in den kurzen Sommern kaum Zeit zum Wachsen haben. Die Birken und Weiden sehen dort aus wie winzige Sträucher und sind manchmal nicht größer als eine Tafel Schokolade.

2) WIE WEIT KÖNNEN PAPPELSAMEN FLIEGEN?

A) 100 m
B) 50 km
C) 100 km

ANTWORT: Pappelsamen können 50 Kilometer weit fliegen, wenn der Wind stark weht. So gelangen sie an Orte, wo noch keine Bäume wachsen und viel Platz ist.

3) WIE ALT IST DER ÄLTESTE PILZ DER WELT?

A) 150 Jahre
B) 1300 Jahre
C) 2400 Jahre

ANTWORT: Er ist 2400 Jahre alt. Es ist ein Hallimasch, der im Boden wächst. Seine Ausläufer haben sich über 10 Quadratkilometer ausgebreitet und wiegen stolze 600 Tonnen.

4) GIBT ES LEBEN IM WASSER TIEF UNTER DER ERDE?

A) Ja, wo Wasser ist, gibt es auch Tiere
B) Nein, denn da unten ist es ja stockdunkel

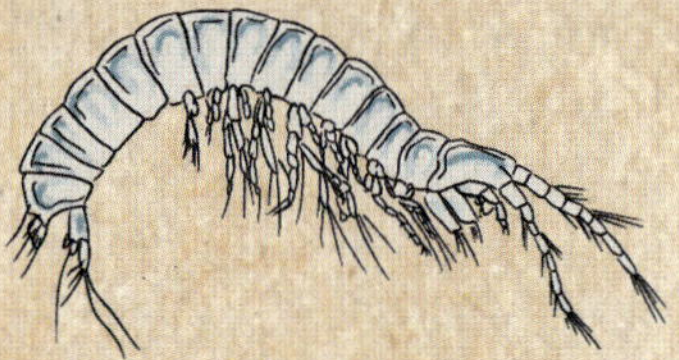

ANTWORT: Ja, im Wasser tief in der Erde gibt es tatsächlich Tiere. Das sind zum Beispiel kleine Krebse. Die sind blind, da es da unten ja kein Licht gibt, da braucht ein Tier auch keine Augen.

5) WELCHER VOGEL SINGT IN BESONDERS HOHEN TÖNEN?

A) Adler
B) Amsel
C) Wintergoldhähnchen

ANTWORT: Das Wintergoldhähnchen. Es singt so hoch, dass viele alte, schwerhörige Menschen es gar nicht hören können. Kein Wunder, es ist ja auch einer der kleinsten Vögel Europas. Mit durchschnittlich sechs Gramm wiegt ein Tier so viel wie ein Brief.

Lesetipp: Kinderbücher

Die auf dieser Doppelseite vorgestellten Ideen stammen aus Peter Wohllebens Kinderbüchern (Verlagsgruppe Oetinger). Die reich illustrierten Bände (zum Beispiel: Hörst du, wie die Bäume sprechen?) bieten jede Menge Tipps, Ideen und Erklärungen für Expeditionen durch die Natur: So können Kinder verblüffende Abenteuer im Wald, im eigenen Garten, ja selbst in der Stadt erleben.

KINDER, LASST UNS DEN WALD ERKUNDEN!

Ein Reh anlocken, auf Harz rumkauen, einen Eimer voller Waldboden bauen: drei Ideen, die Kinder begeistern – und auch manche Erwachsene

LOCKRUF DER REHE

Es ist gar nicht so schwer, die Paarungsrufe von Rehen und Hirschen nachzuahmen. Das Fiepen der Rehe gelingt am besten mit einem Blatt. Das klemmt man sich zwischen die Daumen – und dann heißt es: mit aufgesetzten Lippen kräftig reinblasen! Es ertönt ein hoher, lauter Ton. Im Juli und August kann es sogar passieren, dass ein

Rehbock aufmerksam wird. Und nachschaut, ob es nicht vielleicht wirklich ein Weibchen ist, das da ruft.

Und die Schreie der Rothirsche? Ja, auch die lassen sich recht simpel nachahmen. Am besten mit einer Gießkanne. Die Tülle sollte man dafür wie eine Trompete an den Mund halten. Dann ruft man hinein – ein tiefes, lautes „Oooooouuu-uuaaa"! Das Ganze sollte man ein paarmal wiederholen. Spannend wird es dann im September. Vielleicht antwortet ja ein Hirsch.

DER WALD-KAUGUMMI

Der Wald steckt voller Kaugummi! Wirklich? Nun ja, man kann sich zumindest recht leicht einen Kaugummi basteln. Aus ***Fichtenharz.*** Dazu sucht man an der Rinde großer Fichten nach Harz. Ein geeigneter Tropfen ist ungefähr einen Zentimeter groß, klar und steinhart. Diesen Tropfen kann man ohne Sorge in den ***Mund*** nehmen. Mit den Zähnen lässt sich leicht testen, ob er langsam weich genug zum Kauen ist. Aber nicht zu früh damit anfangen! Sonst zerplatzt der Tropfen in lauter kleine, bittere Stücke. Man muss beim Kauen oft ausspucken, so verliert das Harz immer mehr seiner bitteren Noten. Nach zehn Minuten hat man einen ***rosafarbenen*** Kaugummi. Aber Vorsicht: nicht herunterschlucken, sondern ausspucken, wenn die Lust am Kauen vergangen ist.

SELBERMACHEN

Einen eigenen Wasserfilter basteln

Dieses Experiment zeigt: Der Waldboden reinigt!

Der Waldboden säubert Wasser viel besser als ein Acker. Das lässt sich wunderbar mit einem kleinen Experiment überprüfen: indem man seinen eigenen Wasserfilter baut. Und so geht es: In einen Eimer mit Löchern am Boden schichtet man durcheinander Steine und Erde. Das ist ein Miniacker. Jetzt fehlt noch etwas Schmutzwasser. Dafür einfach ein bisschen Erde in ein Glas Wasser rühren. Und nun das trübe Wasser oben in den Eimer gießen. Was unten rauskommt, ist immer noch dreckig.

Nun bastelt man sich zum Vergleich einen Waldboden. Unten in den Eimer Steine, dann ein bisschen Laub (dafür ruhig tief in die Laubschicht greifen). Obendrauf kommt zum Abschluss ordentlich Moos. Nun gießt man schmutziges Wasser drauf. Wenn alles klappt, ist die Überraschung groß: Das Wasser, das unten rausläuft, ist viel sauberer! Ja, und genauso funktioniert eben auch der Waldboden.

DOSSIER

TIEREN HELFEN:

EIN HAUS FÜR DIE FLEDERMAUS

Langlebig, aus dickem Holz und solide gebaut ist der Fledermauskasten »Arundel« ***www.nabu-shop.de***

Fledermäuse können sich auch durch enge Ritzen – unten am Kasten – quetschen. (Hangbrett von Werky, 15,50 Euro)

In Ritzen und Höhlen

Ob Abendsegler, Großes Mausohr oder Hufeisennase: Fledermäuse errichten keine Nester, in die sie sich zurückziehen. Sie schlüpfen in Ritzen, Mauerspalte oder Baumhöhlen, in denen sie Ruhe und Schutz finden. Von diesen natürlichen Rückzugsmöglichkeiten gibt es leider immer weniger. Daher lohnt es sich, den Flattertieren der Nacht zu helfen.

Einfache Hilfe für bedrohte Flieger

Wer die Luftjäger unterstützen und ihnen ein Quartier bieten möchte, der sollte einen Fledermauskasten anbringen. Er sollte möglichst aus unbehandeltem Holz gefertigt sein und einen schmalen Einflugschlitz an der Unterseite haben. Die Tiere klettern dann im Kasten nach oben und sind geschützt.

BUCHVORSCHLÄGE

»Ein Garten für Fledermäuse« von Dirk A. Diehl: Dieses Buch erklärt, welche Maßnahmen jeder selbst ergreifen kann, um den Flattertieren im Garten und rund um das Haus Nahrung und Unterschlupf zu bieten.
Pala-Verlag, 14 Euro

»Das neue Buch vom Leben auf dem Land« von John Seymour. Ob eigener Nutzgarten, Tierzucht oder Bierbrauen – in dieser Neuauflage des Bestsellers steht alles, was (angehende) Selbstversorger wissen müssen.
Dorling Kindersley, 27 Euro

»Heilsame Wildpflanzen« von Frank und Katrin Hecker. Heilkräuter für die Hausapotheke? Wildpflanzen für die Küche? Blüten für die Kosmetik? Das Autorenpaar gibt Antwort in diesem Ratgeber.
Haupt-Verlag, 30 Euro

ZUR SAISON

RAUS UND ENTDECKEN

SOMMERGELB:

Ab Juni leuchten an vielen Wegrändern die knallgelben Blüten des Rainfarns. Sie dienen unter anderem kurzrüsseligen Käfern und Wanzen als Nektar-Bar. Das weitverbreitete Gewächs wird auch als Färbepflanze verwendet, aus der ein dunkelgelber Farbton gewonnen werden kann.

Rutschfest
Die mit einer klebrigen Substanz benetzten Froschfüße haften fest am Blatt und lassen sich zugleich leicht lösen. Kein anderer »Klebstoff« der Welt ist dazu in der Lage

Auftritt der Tiersohlen: Die Evolution hat verblüffende Variationen hervorgebracht. Dank ihnen können Wesen nicht nur laufen, sondern auch klettern, schwimmen, greifen oder sich festkletten

Text: Katharina von Ruschkowski

Zeigt her eure *Füße*

1

3

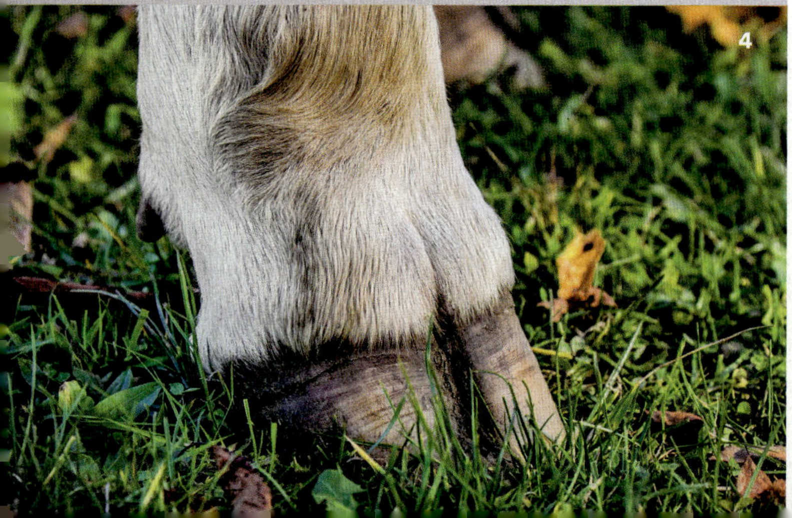

4

Bodenständig

Blaufußtölpel (1) Während der Balz imponiert er mit besonders blauen Flossen

Laufkäfer (2) Hafthärchen unter seinen Sohlen verhalten sich auf festem Grund wie Klebstoff

Haubentaucher (3) Statt Flossen besitzt dieser Wasservogel geteilte Füße mit »Lappen«

Hausrind (4) Durch ihren geteilten Hufen vermögen sich Rinderfüße sehr flexibel an den Untergrund anzupassen

Maulwurf (5) Große, muskulöse Vorderfüße dienen ihm als perfekte Grabschaufeln

Zur Tierordnung der ***Paarhufer*** zählen neben Rindern, Schweinen, Giraffen auch Wale und Delfine

Die Vorderfüße von Laufkäfern sind von rund **10 000** Hafthärchen besetzt, die Halt verleihen

1

2

5

180 Eichhörnchen können ihre Hinterläufe um 180 Grad drehen – und so kopfüber abwärtsgehen

Eine ***Doppelkralle*** am jeweils zweiten Zeh seiner Vorderfüße dient dem Biber als Kamm bei der Fellpflege

Angepasst

Gams (1) Elastische, weit spreizbare Zehen ermöglichen ihre Kletterkunststücke

Luchs (2) Die dichte Behaarung der Füße verhindert deren Einsinken in den Grund

Biber (3) Schwimmhäute an den Hinterpfoten machen ihn zu einem guten Paddler

Igel (4) Verglichen mit anderen sind seine Vorder- und Hinterfüßchen sehr steif

Eichhörnchen (5) Dank Pfötchen mit gekrümmten Krallen kann es selbst glatte Stämme erklimmen

Seehund (6) Seine Füße haben sich in Jahrzehntausenden zu Schwimmflossen verformt

35

Robbenarten umfasst die Gattung „Flossenfüßer"

1306

Füße besitzt *Eumillipes persephone*, ein in Australien entdeckter Tausendfüßler – der seinem Namen Ehre macht

Wer glaubt, Füße seien allein zum Laufen da, der hat sich offenbar noch nie im Tierreich umgeschaut. Dort haben sich über die Zeit hinweg erstaunlich mannigfaltige und multifunktionale Modelle geformt: bergfeste Hufe, messerscharfe Krallen, antreibende Flossen, effektive Schaufeln, Füße, die Tiere übers Wasser oder gar kopfüber laufen lassen – dank wundersamer Klebesohlen.

Im Gang der Evolution

An Tierfüßen wird ein zentrales Merkmal der Evolution sicht- und begreifbar: Anpassung. Nur Wesen, deren Körpermerkmale perfekt auf ihren jeweiligen Lebensraum abgestimmt sind, haben die besten Chancen, sich zu behaupten und zu überleben. Und so ist jeder Fuß – vom verborgenen Kriechfuß einer Schnecke bis hin zu mächtigen Elefantenstampfern – das Ergebnis einer ewig währenden Entwicklung.

Wann diese ihren Anfang nahm, ist zumindest für Wirbeltiere, (darunter Säuger, Vögel, Fische, Reptilien) mittlerweile recht klar bestimmt. US-Forscher stießen Anfang der 2000er-Jahre in der kanadischen Arktis auf eine armlange Amphibie, die sie „Tiktaalik" tauften. Sie war eine Mischung aus Fisch und Reptil, die aus der Zeit von vor 375 Millionen Jahren stammte. Damals war noch die gesamte Tierwelt des Planeten im Wasser beheimatet. Noch. Denn mit Wesen wie Tiktaalik wagte das Leben den Landgang, wahrhaftig.

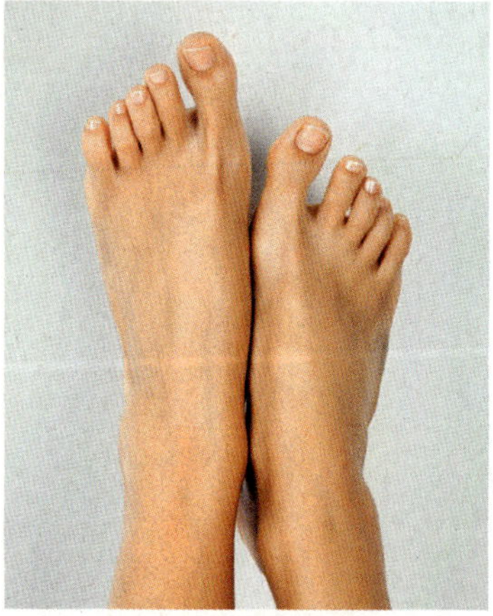

Unsere Füße mit ihren 26 Knochen, Sehnen, Bändern sind denen vieler Tiere in Kraft, Finesse und Belastbarkeit unterlegen. Dafür punkten wir mit unseren Händen

Mit seinen Vorderflossen, in denen bereits die Grundstruktur von Füßen mit starken Knochen, Gelenken und Zehen zu erkennen war, vermochte es, auf festem Grund zu kriechen.

Für jeden Lebensraum

Aus dem Urfuß des Tiktaalik entwickelten sich dann in der Folgezeit die vielfältigen Geh-, Schwimm-, Flug-, Kletter- oder Greifwerkzeuge, die Tiere dazu befähigten, den gesamten Erdball zu erobern: von den Tiefen der See bis hinauf in luftige Höhen. Bei manchen Wirbeltieren – allen voran den Primaten – perfektionierten sich die Vorderläufe nochmals: zu dem, was wir heute Hände nennen.

Doch Tierfüße machen nicht nur Eindruck, sie hinterlassen auch Abdrücke. Gerade im Wald, durch den die meisten Tiere am liebsten ungesehen und lautlos schleichen, verraten sie sich letztlich oft doch: durch diese artspezifischen Spuren, die sie mit ihren Füßen auf dem Boden hinterlassen. ●

Kräftig

Elefant (1) Auf seinen rauen Fußsohlen lasten bis zu sechs Tonnen Gewicht

Braunbär (2) Die Zehen sind mit bis zu acht Zentimeter langen, messerscharfen Krallen besetzt

Eisbär (3) Die breite Tatze dient im Wasser als Paddel, in der Winterlandschaft als Schneeschuh

Giraffe (4) Ihre spitzen Hufe nutzt sie auch als Schlagwaffe, zur Verteidigung der Jungen

Gecko (5) Nach dem Vorbild seiner Füße haben Ingenieure Klebestreifen entwickelt

Großspurig Der wohl größte Fuß, der je die Welt betrat, gehörte zu einem Saurier der Gattung Diplodocus. Durchmesser: 1 Meter.

Fatal Verarbeitete Tigertatzen gelten in der chinesischen Medizin als Schlafmittel. Etliche Großkatzen werden dafür gewildert.

Hörig Manche Elefanten können mit ihren Füßen tiefe Töne registrieren – und über Bodenvibrationen kommunizieren.

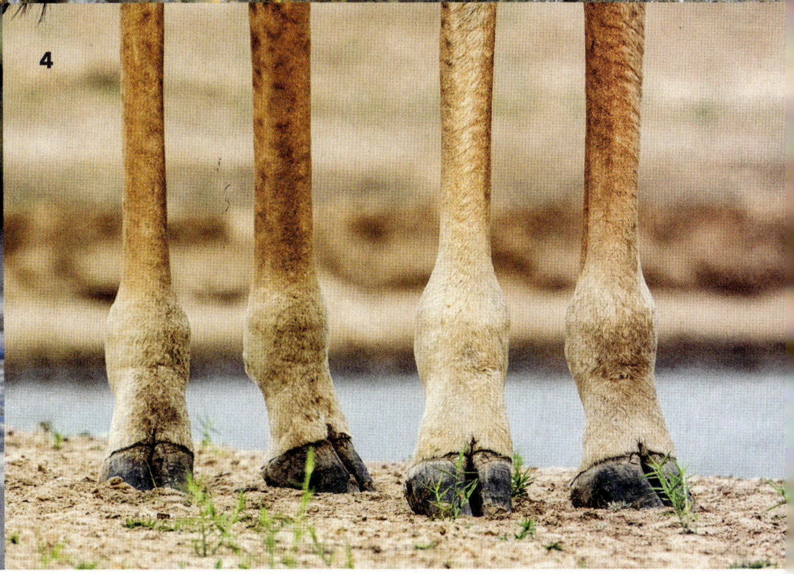

Geckos ***schlurfen*** immerzu. Dabei streifen sie Schmutz von den Füßen ab, der deren Haftkraft beeinträchtigt

Wem rettete die giftige *Einbeere* das Leben?

Text: Swantje Furtak Illustration: Rainer Harf

Sie ist selten, schön und giftig: Die Einbeere wächst in wilden Wäldern und sollte weder gepflückt noch gegessen werden. Doch erstaunlicherweise ist es gerade ihre Unverträglichkeit, die im Mittelalter so manchen vor dem sicheren Tod bewahrte

Auch ein ungeübtes Auge wird sie sofort erkennen, so bezeichnend ist ihr Name. Inmitten von vier kreuzförmig angeordneten hellgrünen Blättern sitzt eine einzige blauschwarze Beere. Aber Achtung! Alle Pflanzenteile der „Vierblättrigen Einbeere" sind giftig.

Die Briten nennen die Waldpflanze daher auch „devil-in-a-bush": Teufel im Busch. Der französische Name geht auf die Vermutung zurück, das hübsche Gewächs töte wilde Tiere: „étrangle-loup"– Wolfwürger. Und tatsächlich: Nach dem Verzehr der Beere kann es bei Menschen zu Brechreiz, Magenkrämpfen, ja sogar Atemstillstand kommen.

Im 16. Jahrhundert wollte der königliche Leibarzt Pietro Andrea Mattioli die Giftwirkung untersuchen: Er servierte zum Tode verurteilten Gefangenen die dunkle Frucht als letztes Mahl. Wer die Prozedur überlebte, der wurde freigesprochen. Mattioli notierte: „So ist auch diese Beer nicht so giftig wie sie meynen." Ein Glück für die Todgeweihten: Die Konzentration der giftigen Stoffe ist in den Beeren der Pflanze am geringsten. Womit sie damals dem einen oder anderen das Leben gerettet hat.

In Teilen Deutschlands ist die Giftpflanze stark gefährdet. Zum einen breitet sie sich sehr langsam aus: Neue Samen keimen selten, meist vermehrt sich die Pflanze über ihr unterirdisches Rhizom, aus dem neue Stängel sprießen. Wer im Wald auf einen leuchtend grünen Teppich aus Einbeeren stößt, der schaut also womöglich auf eine einzige Mutterpflanze.

Eine weitere Bedrohung für das empfindliche Gewächs: intensive Forstwirtschaft und die Verdichtung von Böden durch schweres Gerät. Nicht umsonst wählte die Loki Schmidt Stiftung die Einbeere zur Blume des Jahres 2022. Das Vorkommen der giftigen Schönheit zeigt, so die Stiftung: Hier wächst ein alter wilder Wald, den es zu achten und zu bewahren gilt. ●

Wenn Vierbeiner zu *Vertrauten* werden

Der renommierte Verhaltensbiologe Kurt Kotrschal erzählt über die Psychologie einer uralten Beziehung

Interview: Rainer Harf und Sebastian Witte

Schon vor
40 000
Jahren beginnt die nahe Beziehung zwischen Wolf und Mensch

Haustiere zeichnen sich dadurch aus, dass wir soziale Beziehungen zu ihnen aufbauen – sie sind Gefährten, Kumpane

In Kontakt mit Tieren zu stehen und mit ihnen aufzuwachsen ist ein Grundbedürfnis

In die Wiege gelegt

Die Liebe zum Lebendigen ist universal

Alle gesunden Kinder sind höchst tierfreundlich – je jünger, desto intensiver

Selbst wer wenig Kontakt zu Tieren hatte, verspürt oft eines Tages den Wunsch, eine Katze oder einen Hund bei sich aufzunehmen

Mensch und Tier lieben es gleichermaßen, Fürsorge zu empfangen

»Hund und Mensch haben nahezu *identische soziale* Bedürfnisse«

WOHLLEBENS WELT: Seit wann leben Menschen mit Tieren zusammen?
KURT KOTRSCHAL: Bereits unsere Jäger-und-Sammler-Vorfahren haben vermutlich intensive Beziehungen zu Tieren gepflegt. So wissen wir heute zum Beispiel, dass die nahe Beziehung zwischen Mensch und Wolf bereits vor über 40 000 Jahren begann. Und die erste Trennung von Wolfs- und Hundegenom erfolgte vor etwa 35 000 Jahren.
Wahrscheinlich haben Menschen schon seit jeher mit Tieren zusammengelebt, ohne diese essen zu wollen.

Woher weiß man das?
Einen Anhaltspunkt bieten die letzten heute noch existierenden Jäger-und-Sammler-Kulturen. Zum Beispiel im Amazonasgebiet. Dort nehmen die Menschen die Jungen von erlegten Muttertieren bei sich auf. Sie schießen zum Beispiel einen weiblichen Klammeraffen und ziehen das Affenbaby groß. Einerseits ist das Tierkind ein Gefährte für die Menschenkinder, sie verbringen Zeit miteinander, können Beziehungen zu dem Tier knüpfen. Andererseits hat das Verhalten auch spirituelle Wurzeln. Die Sorge um den Nachwuchs stiftet Versöhnung mit dem Geist der getöteten Mutter. In der Spiritualität liegt höchstwahrscheinlich die Wurzel all unserer Tierbeziehungen.
Eines der Grundbedürfnisse offenbart sich heute eben auch darin, dass zu einer guten sozialen, emotionalen, kognitiven und körperlichen Entwicklung von Kindern auch ein Aufwachsen in Kontakt mit Tieren und Natur gehört. Das zeigen zahlreiche Studien.

Kurt Kotrschal
ist Verhaltensbiologe an der Universität Wien. Außerdem leitet er die Konrad-Lorenz-Forschungsstelle in Grünau im Almtal und ist Mitbegründer des Wolf Science Centers in Ernstbrunn

Können wir zu Tieren eine ebenso intensive Bindung aufbauen wie zu Menschen?
Ja, natürlich. So sind Hunde zum Beispiel unser soziales Alter Ego. Sie sind unglaublich responsiv, das heißt, sie reagieren sehr gut auf unsere sozialen Bedürfnisse, und sie haben ihrerseits nahezu identische soziale Bedürfnisse. Das bedeutet: Mit ein wenig Herz und Hirn kann man zu einem Hund eine symmetrische, stabile und überaus bereichernde Partnerschaft aufbauen.
Hinzu kommt: Es gehört zu den Grundbedürfnissen des Menschen, Fürsorge zu geben und Fürsorge zu empfangen. Ich will geliebt werden, und ich will andere haben, die ich lieben kann. Das kann mit anderen Menschen ein bisschen kompliziert sein. ➛

Katzen sind weniger sozial als Hunde – dennoch kann die Bindung stark sein

Eine gute Beziehung baut vor allem auf Verlässlichkeit

Mehr als **5** *Milliarden Euro im Jahr geben Deutsche für tierische Gefährten aus*

Förderliches Zusammenleben: Tierhalter sind im Mittel weniger krank

Ein ruhiges Tier kann zudem dazu beitragen, dass Jugendliche weniger aggressiv miteinander umgehen

Pferde sind hochsensibel und spüren oft genau, wie es ihrer Halterin geht

Allein die Gegenwart eines Tieres kann helfen, Stress und negative Gefühle abzubauen

Sind Beziehungen zu einem Tier leichter?
Die Beziehungen zu Tieren sind generell meist unkomplizierter. Einem Hund, einer Katze, einem Pferd ist es völlig egal, ob ich hässlich bin oder schön, ob ich gut oder schlecht angezogen bin, ob ich reich oder arm bin. Mein Hund hat sich bei mir noch nie darüber beschwert, dass meine Socken auf der Couch rumliegen. Das heißt aber nicht, dass uns ein Tier nicht evaluiert.

Inwiefern?
Schaut ein Hund dabei zu, wie zwei Menschen interagieren – und verhalten die beiden sich freundlich zueinander, dann nimmt der Hund von beiden gern ein Leckerli. Behandelt der eine Mensch allerdings den anderen schlecht, schimpft zum Beispiel auf ihn ein, dann meidet ihn der Hund anschließend. Und nimmt eher ein Leckerli von demjenigen, der nicht aggressiv aufgetreten ist. Hunde sind sehr gut darin, unsere Emotionen zu lesen. Und sie entwickeln Präferenzen: Nicht jeder Hund mag jeden Menschen. Insofern stimmt der Mythos der bedingungslosen Liebe nicht so ganz. Und doch sind Hunde weit weniger kritisch als Menschen.

Schmuseglück

Tiere intensivieren häufig die Kommunikation in Familien

Interpretieren viele Tierhalter Gefühle in die Tiere hinein, die gar nicht da sind?
Ständig, ja. Menschen vermenschlichen Tiere. Etwas anderes können sie gar nicht tun. Und doch: Wir wissen heute, dass alle Säugetiere – und dazu gehören auch wir Menschen – die Grundemotionen nahezu eins zu eins teilen. Es gibt ein System von sieben Empfindungen, die in tieferen Teilen unseres Gehirns angesiedelt sind, mit derselben Neuroanatomie, mit derselben Neurochemie. Das sind Neugier, Zorn, Angst, Lust, Fürsorge, Trauer und Spielfreude. Diese Emotionen dienen unter anderem der Kommunikation, darum haben Menschen eine sehr

Junge Geschichte Katzen sind weniger domestiziert als Hunde – wir leben erst seit ungefähr 10 000 Jahren mit ihnen zusammen. Sie sind zudem ursprünglicher geblieben als moderne Hunde.

Intuitive Tierliebe Beobachtungen belegen, dass Babys im Alter von drei bis sechs Monaten sich für nichts so interessieren wie für Tiere. Auch die ersten Lautäußerungen sind vielfach tierbezogen.

»Mensch und Tier können einander emotional anstecken«

Hunde haben – wie wir – eine ausgefeilte Körpersprache und Mimik

ausgefeilte Mimik – und Hunde haben ebenfalls eine ausgefeilte Mimik und Körpersprache. Untersuchungen zeigen: Freuen sich Hunde zum Beispiel über den Geruch oder Anblick ihrer Menschen, wird in ihren Gehirnen jener als Liebeskern bezeichnete Bereich aktiv, der auch bei Menschen in angenehmen Situationen anspringt.

Wenn wir Tiere vermenschlichen, wie empfinden Tiere uns Menschen?
Ob im Gegenzug die Tiere den Menschen gleichsam vertierlichen, ist kaum zu beantworten. Aber überhaupt nicht unwahrscheinlich. Sehr gut möglich, dass uns ein Hund durch die Hundebrille betrachtet. Fest steht: Mensch und Tier können einander mit ihren Emotionen förmlich anstecken. So wie Mensch und Mensch sich aufeinander einschwingen. Angst beim einen kann zu Furcht beim anderen führen. Freude am Spiel weckt die Lust beim anderen.

Sollte man sich also in einer besonderen Weise zum Tier verhalten, damit die Beziehung gelingt?
Eine gute Beziehung – und es ist egal, ob zwischen Mensch und Mensch oder zwischen Mensch und Tier – baut darauf auf, dass man dem anderen ein verlässlicher, vorhersehbarer Partner ist. Und indem man viel gemeinsam »

***Sensibilität gefragt:* Jeder Halter sollte wachsam sein**

und zu spüren versuchen, wann es dem Tier zu viel wird – und umgekehrt, wann ihr Kumpan mehr Zuwendung benötigt

Ein Vorteil von Hunden: Oft aktivieren sie uns – und sind so eines der besten Mittel etwa gegen Altersdepression

Meist unkompliziert: Ein gut sozialisierter Hund schenkt uneingeschränktes Interesse

»Vierbeiner sind ein *Spiegel*, um uns selbst zu erkennen«

unternimmt. Bei Hunden heißt das Zauberwort: Positive Leadership – positiver Führungsstil. Motivierend und belohnend, auf Strafe möglichst verzichten. Man kann Menschen oder Hunden gegenüber mit der Faust auf den Tisch hauen und herumkommandieren, aber das wird nicht die Basis sein für eine gute Beziehung.

Nicht alle Beziehungen zu Tieren verlaufen harmonisch. Würden sie per se gelingen, säßen nicht Hunderttausende Hunde, Katzen und andere Tiere in Heimen. Mensch-Tier-Beziehungen sind – wie alle Beziehungen – immer Herausforderungen mit dem Potenzial, glücklich zu werden oder auch grandios zu scheitern. Für Couch-Potatoes mögen höchst bewegungsbedürftige Hunde zwar theoretisch gesund sein, sie werden durch solche Tiere aber auch überfordert. Oder es dominieren unrealistische Erwartungen, was zu Frust führen kann, weil sich zum Beispiel das Kätzchen nicht wie erhofft von ganz allein zum zutraulich-verschmusten Kater entwickelt.

Tiere haben mit uns mehr gemein, als manche denken …

Absolut! Der Graben zwischen Menschen und anderen Tieren ist nicht so tief, wie viele meinen. Tiere sind den Menschen stammesgeschichtliche Brüder und Schwestern. Sie sind unsere Wurzel und bilden den Rahmen für unsere Evolution. Sie sind jener Spiegel, den wir brauchen, um uns selbst zu erkennen. Nicht in Abgrenzung, sondern im Vergleich.

Durch unser sehr analytisches, rational arbeitendes Gehirn reflektieren wir über die Welt. Das machen Hunde, Katzen, Pferde sicher weniger. Deshalb sollten wir Menschen in diesen Partnerschaften zu ihnen immer die Verantwortlichen sein.

Filmtipp Der australische Kinohit „Beflügelt – Ein Vogel namens Penguin Bloom" erzählt berührend, wie eine Elster eine Familie bereichert – und beruht auf einer wahren Geschichte.

Lesetipp In „Einfach beste Freunde. Warum Menschen und Tiere einander verstehen" berichtet Kurt Kotrschal wissenschaftlich und doch warmherzig über die Psychologie der Mensch-Tier-Beziehung.

Ist das Klima noch zu retten?

Die Prognosen sehen nicht gut aus: Immer weniger wahrscheinlich erscheint es, dass wir die Erderwärmung auf 1,5 Grad Celsius beschränken werden. Und doch geben große grüne Lebewesen Grund zur Hoffnung: Bäume

Text: Peter Wohlleben Illustrationen: Julia Pfaller

Unaufhaltsam schreitet der Online-Ticker voran: Nur noch wenig mehr als sieben Jahre, dann ist beim derzeitigen Ausstoß von Treibhausgasen das 1,5-Grad -Ziel nur noch zu erreichen, wenn die Menschheit klimaneutral lebt. Dazu, das muss ich sagen, fehlt mir der Optimismus. Trotzdem verliere ich nicht die Hoffnung, und ich gründe sie auf verschiedene Argumente. Der Ausbau erneuerbarer Energien schreitet nun beschleunigt voran, auch wenn der Grund, der furchtbare Ukraine-Krieg, nicht der beste ist. Zudem wächst die Bereitschaft in der Bevölkerung, sich für den Klimaschutz einzusetzen.

Baumbegeisterung

Was mich aber manchmal regelrecht euphorisiert, sind die Bäume. Es ist unfassbar, unter welchen Bedingungen sie noch zu wachsen vermögen. Dazu muss man sich nur draußen umschauen, wie etwa in Ihrem Garten oder Balkonkasten. Sie werden dort Sämlinge entdecken, die es schaffen, in einer unwirtlichen Situation Fuß zu fassen. Noch beeindruckender sind Spaziergänge durch die Stadt. Gönnen Sie sich die Freude und versuchen Sie, Bäume an unmöglichen Standorten zu finden. Mauerkronen, Pflasterritzen, heißer Vorgartenschotter: Immer wieder werden Sie vorwitzige Birkenschößlinge, Weidensämlinge oder kleine Zitterpappeln sehen, die versuchen, Wald zu bilden.

Was das mit dem Klimawandel zu tun hat? Diese Boten des Optimismus zeigen uns, dass Wald selbst in einem sich aufheizenden Klima möglich ist.

Die sommerheißen, teils extrem trockenen Standorte sind quasi ein Freiluftlabor für Extrembedingungen, wie sie uns auf großer Fläche in der Zukunft drohen.

Wenn Bäume selbst bei diesen Erschwernissen immer noch wachsen, ist die Chance auf Wiederbewaldung nicht verloren.

Um bis zu **10** *Grad können Wälder die Temperatur absenken*

Wir sollten Bäumen nicht die Aufgabe zuschustern, die von uns in die Luft gepusteten Treibhausgase wieder herauszufischen. Das dauert, nebenbei gesagt, auch viel zu lange, nämlich mindestens viele Jahrzehnte, wahrscheinlich Jahrhunderte. Diese Zeit haben wir nicht. Wir müssen also dringend die Verbrennung zur Energiegewinnung beenden.

Was aber selbst junger Wald (und mit zunehmendem Alter immer besser) in dieser Übergangszeit vermag, ist die Kühlung der Landschaft. Hitze und Trockenheit behagt den Bäumen nämlich über-

haupt nicht, selbst wenn sie unter solchen Bedingungen noch Fuß fassen können. In der Gluthitze von wolkenfreien Sommertagen werden sie schwächer und damit anfälliger für Krankheiten. Durch gemeinsame Verdunstung von Wasser über die Blätter können sie die Tageshöchsttemperaturen in den Sommermonaten senken – alte Wälder im Vergleich zur freien Landschaft um bis zu zehn Grad Celsius. Zugleich sorgen sie für mehr Regen, indem sie die Wolkenbildung ankurbeln. Das machen sie teils aktiv, indem sie Kohlenstoffverbindungen ausstoßen, die als Kondensationskeime für Wassermoleküle wirken.

Was wir brauchen, sind also mehr Wälder. Sie dämpfen den Treibhauseffekt lokal, mildern Hitze und Dürre, die beiden Schreckgespenster des Klimawandels. Dazu müssen wir vor allem eines: die Wälder in Ruhe lassen. Sie brauchen die Gemeinschaft der Bäume für sich selbst, um ihr Wohlfühlklima großräumig bilden zu können. Das beißt sich vor allem mit unserem hohen Holzverbrauch, der dringend gesenkt werden muss.

Dazu können viele Dinge im Alltag beitragen wie etwa dieses Magazin: Es ist nämlich aus Recyclingpapier gemacht.

IMPRESSUM

Gruner + Jahr Deutschland GmbH, Am Baumwall 11, 20459 Hamburg Postanschrift der Redaktion: Brieffach 24, 20444 Hamburg, Tel.: 040/37 03-0
Internet: www.geo.de/wohllebens-welt

CHEFREDAKTION
Jens Schröder, Markus Wolff
CHEFREPORTER
Peter Wohlleben
RESSORTLEITUNG
Katharina Schmitz
VERANTWORTLICHER REDAKTEUR
Rainer Harf
MANAGING DESIGNERIN
Katja Wegener
TEXTREDAKTION
Bertram Weiß, Sebastian Witte
BILDREDAKTION
Carolin Küst
SCHLUSSREDAKTION
Quality Board
ASSISTENZ DER CHEFREDAKTION/ REDAKTIONSASSISTENZ
Ümmük Arslan
HONORARE/SPESEN
Angelika Györffy
CHEF VOM DIENST/KOORDINATION
Ralf Schulte
REDAKTIONSGESCHÄFTSFÜHRUNG
Maike Köhler, Bernd Moeller
VERANTWORTLICH FÜR DEN REDAKTIONELLEN INHALT
Jens Schröder, Markus Wolff
HEAD OF PUBLISHING
Frank Thomsen (Stv. Julian Kösters)
PUBLISHING MANAGEMENT
Patricia Hildebrand
VERANTWORTLICH FÜR DEN ANZEIGENTEIL
Petra Küsel, Head of Brand Print + Direct Sales, Ad Alliance GmbH, Am Baumwall 11, 20459 Hamburg.
Es gilt die jeweils aktuelle Preisliste unter www.ad-alliance.de
SALES DIRECTION
Franziska Bauske, DPV Deutscher Pressevertrieb
MARKETING
Tamara Klaproth
PRESSE- UND ÖFFENTLICHKEITSARBEIT:
Xenia El Mourabit
HERSTELLUNG
G + J Herstellung, Heiko Belitz (Ltg.), Oliver Fehling
Druckvorstufe: Peter Becker GmbH, Würzburg
Druck: Mohn Media Mohndruck GmbH, Gütersloh

Bankverbindung: Deutsche Bank AG Hamburg, IBAN: DE30200700000032280000, BIC: DEUTDEHH
ISSN 2628-4448

USA: WOHLLEBENS WELT is published by Gruner + Jahr Deutschland GmbH. K.O.P.: German Language Pub., 153 S Dean St, Englewood NJ 07631. Periodicals Postage is paid at Paramus NJ 07652. Postmaster: Send address changes to WOHLLEBENS WELT, GLP, PO Box 9868, Englewood NJ 07631.
KANADA: Sunrise News, 47 Silver Shadow Path, Toronto, ON, M9C 4Y2, Tel.: +1 647-219-5205, E-Mail: sunriseorders@post.com.

GEO-LESERSERVICE

FRAGEN AN DIE REDAKTION
Tel.: 040/37 03 20 84, Fax: 040/37 03 56 48, E-Mail: briefe@wohllebens-welt.de
ABONNEMENT- UND EINZELHEFTBESTELLUNG
Online-Kundenservice: www.geo.de/kundenservice
Tel.: 0049/40/55 55 89 90
Service-Zeiten: Mo–Fr 7.30–20 Uhr, Sa 9–14 Uhr
Postanschrift: GEO-Kundenservice, 20080 Hamburg
Preis Jahresabonnement: 37,50 € (D)/ 42,50 € (A)/57,50 sfr (CH)
Preise für weitere Länder auf Anfrage erhältlich.

BILDNACHWEIS

Anordnung im Layout: l. = links, m. = Mitte, o. = oben, r. = rechts, u. = unten

TITEL
Ramon Haindl

SCHEREN HOCH!
Jasper Doest/Minden Pictures: 2/3

EDITORIAL
Ramon Haindl: 5 o.; Shutterstock: 5 u. l., 5 (Hintergrund)

INHALT
siehe entsprechende Seiten; außer: Andreas Volz: 6 m. r.; Stocksy United: 7 u. l.; Shutterstock: 6/7 (Hintergrund)

IN EUROPAS LETZTEN URWÄLDERN
Tobias Wohlleben: 8-16; Angelo Gandolfi/Nature Picture Library: 15; Wild Wonders of Europe/Bartocha/Nature Picture Library: 16 u.

INS NETZ GEGANGEN
Guy Edwardes/Nature Picture Library: 18; Ingo Arndt/Nature Picture Library: 19, 20 (2); Andreas Volz: 21 o. l., 21 m. r., 23 u. l.; Alexander Mett/Okapia: 21 o. r.; Nick Upton/Nature Picture Library: 21 u. l.; Alexander mett/Okapia: 21 u. r.; Matthias Lenke/Okapia: 23 o.; Dieter Hopf/Okapia: 23 u. r.; Jose B. Ruiz/Nature Picture Library: 24 o.; Alexander Mett/Okapia: 24 u. l.; Erhard Nerger/Okapia: 24 m. r.; Loic Poidevin/Nature Picture Library: 24 u. r.; Alex Hyde/Nature Picture Library: 25 u. l.; dpa picture-alliance: 25 o. r.; ddp images: 25 m. r.; Stephen Dalton/Minden Pictures: 25 u. r.; Alexander Mett/Okapia: 26 o. l.; Kim Taylor/Nature Picture Library: 26 o. r.; Andrew Snyder/Nature Picture Library: 26 m. l.;
Illustration: Rainer Harf: 22 u.

WARUM BLOSS ZÜNGELT DIE RINGELNATTER?
Illustration: Rainer Harf: 29

ZU PFERDE DURCH NORDISCHE WEITEN
Monika Bruhn: 30-39; Jorun Eggen: 36; Astri Bonesmo Holm: 38 o. l.

FLAUSCHIGE JÄGER
Willi Rolfes: 42-50; The Big Picture/Nature Picture Library: 46 u. r.; Tui De Roy/Nature Picture Library: 50 u.; Illustration: Seehundstation Friedrichskoog gGmbH: 47 m. o., 49 o. l., 51 o. (3); Jean Chevallier: 51 m. (3)

WER MUSS SICH VOR DEM WALLER FÜRCHTEN?
Illustration: Rainer Harf: 53

GRAS, WAS MACHT DICH SO ERFOLGREICH?
Shutterstock: 54, 58 (Hintergrund); Ruth de Boer/Flora Press: 55, 57 (Hintergründe); Willi Rolfes: 55, 59 (2), 60 u. r.; Wilfried Haferland/Alpinestock: 56; imago: 57 o.; Willi Rolfes: u. l.; Flora Press: 57 u. r., 58 o. r., 60, 61 u. 62 (Hintergründe); Andreas Volz: 59 (Hintergrund), 60 o.; Sandra Bartocha/Nature Picture Library: 61 o. r.; Ramon Haindl: 62 m. o.;
Illustrationen: Getty Images: 58 u. l.; Willi Rolfes: 61 u. r. (7); Flora Press: 62 u. r.

EINE NACHT IM WALD
Orsolya Haarberg/Nature Picture Library: 64/65; Ramon Haindl: 65 o., 66 o. l., 69 o. r., 70 o. l., 72 o. r.; Fabrice Cahez/Bios/Okapia: 66; Klaus Echle/Nature Picture Library: 67 o.; Manfred Danegger/Okapia: 68 o.; Willi Rolfes: 69; Andreas Volz: 70 u. l.; Guy Edwardes/Nature Picture Library: 70/71; Getty Images: 71 o. l.; Shutterstock: 71 o. r.; Stefan Huwiler/Okapia: 72 o. l.; 72/73 (Hintergrund)

DER FEIND IN MEINEM NEST
David Tipling/Nature Picture Library: 74; Thomas Hinsche/Okapia: 75; Frédéric Desmette/Bios/Okapia: 76/77; Peter Lewis/Nature Picture Library: 76 o. r.; Wolfgang Buchhorn/Okapia: 76 m. r.; Paul Van Gaalen/Ardea/Okapia: 76 u. r.; John Mason/Ardea/Okapia: 77 o. r.; Andreas Hartl/Okapia: 78/79; Andy Rose/Nature Picture Library: 78 u.; Gabriel Rojo/Nature Picture Library: 79 o. r.; Jane Burton/Nature Picture Library: 79 m. r.; Visuals Unlimited/Nature Picture Library: 79 u. r.

WARUM IST DER ROTFUCHS EIN SUPERSTAR?
Illustration: Rainer Harf: 81

DOSSIER
Ramon Haindl: 83, 84 o. l., 85 o., 88 o. l.; Daniel Ingold/Deepol by plainpicture: 84 u. l.; Frank Hecker: 85 m., 87 (4), 89 o. r.; Frank and Helena/Deepol by plainpicture; Sheila Fitzgerald/Shutterstock: 86 o. l.; Roland Hofmeester/Nature in Stock: 86 u. r.; H. Schulz/blickwinkel/dpa picture alliance: 88 m. o. l.; Biosphoto/Flora Press: 88 r.; dpa picture alliance/Stephanie Pilik: 88 u. l.; Duncan Shaw/Getty Images: 89 l.; Alex Hyde/Nature Picture Library: 89 u.; Manfred Ruckszio/Okapia: 90 m. r.; Hintergründe: Shutterstock; Illustrationen: Medialink picturepress/ddp: 84 o. r.; akg-images: 84 m. r.; Shutterstock: 88 m.; Rainer Harf: 88 o. r.; Jean Chevallier: 90 o. l.; dpa picture alliance: 90 u. r.

ZEIGT HER EURE FÜSSE
Juniors Wildlife: 92/93; Ingo Schulz/Okapia: 94 o.; Mike Lane/Okapia: 94 m. l.; Jean-Louis Klein & Marie-Luce Hubert: 94 u. l., 96 o. r., 97 o. r., 99 o. (2), 99 m. r., 99 u.; Science Source/Okapia: 95 o.; Malcolm Schuyl/Interfoto: 95 u.; Philippe Clement/Nature Picture Library: 96 o. l.; Philippe Clement/Okapia: 96 u.; Ingo Arndt/Okapia: 97 o. l.; Guenter Fischer/Okapia: 97 u. l.; Getty Images: 98 u.; Roy Mangersnes/Nature Picture Library: 99 m. l.

WEM RETTETE DIE GIFTIGE EINBEERE DAS LEBEN?
Illustration: Rainer Harf: 101

WENN VIERBEINER ZU VERTRAUTEN WERDEN
Deepol by plainpicture: 102, 103 m. l., 103 m. r., 105 o. r., 105 m. l., 107 u. r.; Stocksy United: 103 o., 104 o. l., 105 u. r., 106 (2), 107 o. r., 107 u. l.; Getty Images: 103 u. l.; Frank Hecker 103 u. r.; Alexandru Munteanu: 104 u.; Julia Lindemalm/Kontinent/laif: 105 o. l.; Gudrun Petersen/Joker/SZ Photo: 105 u.

IST DAS KLIMA NOCH ZU RETTEN?
Illustrationen: Julia Pfaller: 110/111

VORSCHAU
Daniel Schreiber: 112 o. l; Shutterstock: 112 o. l.; 112 u. r., 112/113 (Hintergrund), Ingo Arndt/Nature Picture Library: 112 u. l.; Carsten Leuziger/Okapia: 113 o. l.; Gordon Welters: 113 o. r.; Axel Gomille: 113 u. l.; Dirk Funhoff/Nature Picture Library: 113 u. r.; Illustrationen: Shutterstock

ALLES IM BLICK
Jean-Louis Klein & Marie-Luce Hubert: 114/115

Grafiken auf S. 7, 16, 21, 26, 38, 50, 75, 88 unter Lizenz von Shutterstock

So köstlich schmeckt der Herbst

Im September/Oktober hält der Wald zahlreiche Köstlichkeiten bereit - aus Eicheln kann man zum Beispiel Mehl herstellen

Pilze, Beeren, Eicheln: Wer sich ein wenig auskennt, kann wahre Schätze finden

Coole Hüpfer Würden wir die Sprungkraft mancher Heuschrecken besitzen, könnten wir mehr als 200 Meter weit hopsen

Multitalente Vogelfedern schützen vor Nässe und wärmen, sie tarnen, schmücken und dienen der Kommunikation

Eine *Eiche* bietet Tausenden Tieren eine Heimstatt

Lebensraum Bäume sind Hotspots der Artenvielfalt

Landidylle Der Fotograf Gordon Welters lebt mit vielen Tieren zusammen (darunter eine zahme Elster) und erzählt vom Glück in der Natur

Vor rund
400
Millionen Jahren wuchsen bereits Farne

Elche, Wölfe, Luchse Warum es gerade im Osten Deutschlands so kostbare Refugien für Wildtiere gibt

Farne Sie sind wunderschön, uralt und überraschen mit einem höchst faszinierenden Lebenszyklus

Alles im Blick

Die weichen Federn um den Kopf offenbaren, dass dieser Steinkauz noch jung ist und wahrscheinlich auf die Vorsorgung durch die Eltern angewiesen. Der Vogel sitzt auf einem Baumstumpf mitten in einer Streuobstwiese – einem beliebten Habitat der Eulen. Hier gibt es reichlich Nahrung: Feldmäuse, Singvögel, kleine Reptilien. Und bleibt bei der Jagd in der Dämmerung einmal etwas übrig, verstauen Steinkäuze Fressbares in einer geeigneten Höhle. So hat man bei Nistplatzkontrollen schon bis zu 95 aufbewahrte Kleinsäuger gefunden. Der Steinkauz sorgt vor!

Ebenfalls erstaunlich ist sein Paarungsverhalten: Der Steinkauz führt eine Art Dauerehe. Paare verbringen zwar einen Teil des Jahres allein, doch treffen sie sich jedes Frühjahr aufs Neue. Nach der Balzzeit im April jagen sie wieder gemeinsam und teilen den Schlafplatz in der Bruthöhle. Ihre Jungen sind zunächst blind und müssen wohlumsorgt werden, aber bereits nach drei Wochen laufen die Jungvögel im Nest herum und können auch größere Beute selbstständig vertilgen. Bald schon klettern sie aus ihrer Nisthöhle und erkunden neugierig die Umgebung. Da es vielerorts an Brutplätzen und Jagdgebieten wie dieser Streuobstwiese fehlt, sinken die Bestandszahlen der Eulen in Europa. Umso wichtiger, dass solche offenen Wiesen als Lebensraum erhalten bleiben – für treue Eltern und neugierige Nachkömmlinge.